シリーズ
ニッポン再発見
8

鉄道とトンネル

日本をつらぬく技術発展の系譜

小林寛則／山崎宏之［著］

Series
NIPPON Re-discovery
Railway and Tunnel

ミネルヴァ書房

はじめに

「国境の長いトンネルを抜けると雪国であった」は、川端康成の小説『雪国』の冒頭です。この簡潔な文章は、日本独特の鉄道の情景を見事に表現しています。

日本は、周囲を海に囲まれた島国ですが、国土面積の約3分の2は山地です。北海道から九州まで、日本列島の中央部には、高い山々が連なっています。そこには、川の水がどちらの海に流れるかで山岳地帯を地理的に区分する「分水界」という境界線があります。同じことを意味する「分水嶺」という言葉が示すように、その多くは「国境（県境）の山脈」です。なかには、『雪国』の上越国境（群馬県と新潟県の境）のように、気候や天気の境目になっているところもあります。

江戸時代までは、「街道」の峠はたいへんな難所でしたが、人々の交流範囲は狭く、陸上の交通手段が人馬だけだったこともあり、それなりに社会は成り立っていました。しかし、明治維新を機に、日本は近代化を目指します。鉄道は、その旗印となり、1872（明治5）年の新橋〜横浜間での開業を皮切りに、建設が進められました。

当初は、そのころの交通手段の主役だった海運と連絡するため、港湾と大都市を結ぶ鉄道の建設を優先させました。やがて、鉄道の利便性が認識され、陸上交通手段として期待されるようになると、おのずと山地を越える路線の建設が必要になり、「いかにして山を越えるか」という難問に答えるには、「トンネル」の建設しかありませんでした。

当初のトンネル建設では、イギリスからのお雇い外国人の力を借りていましたが、早くも1880（明治13）年には、日本人だけの力で、京都府と滋賀県の境付近に逢坂山トンネル（665メートル）を完成させました。その後、険しい地形を克服しながらトンネル建設の技術を磨いていった結果、1903（明治36）年には、4656メートルの笹子トンネル（中央本線／山梨県）を完成させます。

昭和初期には、『雪国』の冒頭に登場する上越国境を貫く清水トンネル（9702メートル）や、東海道本線の箱根越えの難所を解消する丹那トンネル（7804メートル／静岡県）を完成させ、現在の10キロメートルを超えるような長大トンネル建設の基礎を築きました。さらに、1942（昭和17）年には、日本初の海底トンネルとなった関門トンネル（3614メートル）が開通し、本州と九州が鉄道でつながりました。

これらのトンネルは、山や海によって阻まれていた人や物の交流を生み、文化面や経済面での交流を活発にすることで、日本の近代化や発展に大きく貢献しました。とくに、第二次世界大戦後は、東海道新幹線の開業に端を発した新幹線網の整備や、新線の建設による在来線のルート変更には、トンネルを積極的に活用しました。その結果、到達時間の短縮に加え、人や物資の大量輸送を実現し、高度経済成長を果たした日本は、繁栄の時代を迎えました。

　また、都市部の地下に掘ったトンネルを走る地下鉄の建設も進み、日本地下鉄協会によると、いまでは全国12の都市に46の路線があり、総延長は800キロメートルを超えます。1日の利用者は1600万人を上回り、都市活動には欠かせない交通機関となっています。

　今日、在来線として1988（昭和63）年に開業した青函トンネルには北海道新幹線が走り、2027年に東京都～名古屋市間で開業を目指す「リニア中央新幹線」では、全体の約86パーセントが、トンネル区間となる予定です。

　このように、「トンネル」に焦点をあて、その歴史を見ていくと、日本の鉄道の歴史だけではなく、社会の移り変わりなど、さまざまなことが見えてきます。

　いまもむかしも、トンネルをつくることは自然との闘いであり、日本には、完成までに十数年を要したトンネルや、世界のトンネル技術者が難工事の典型例としてあげるトンネルなどがあります。こうしたトンネル建設の経緯や苦労を知ることで、そこを通る鉄道や路線についてはもちろん、沿線の暮らしや文化を知ることができます。

　本書は、鉄道トンネルのガイドブックでもなく、トンネルの技術解説書でもありません。トンネルをとおして、読者のみなさんに、新たな角度から鉄道のおもしろさを感じていただくとともに、「ニッポン再発見」のきっかけとしていただければ幸いです。

目次

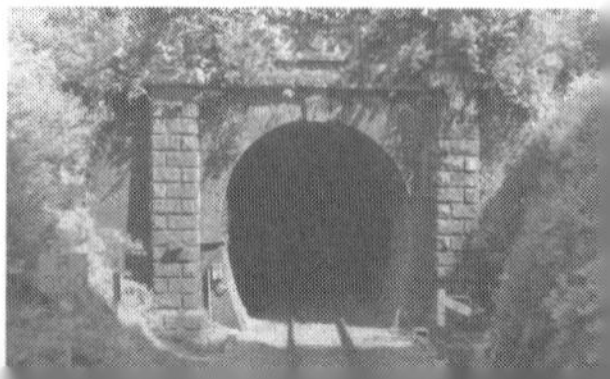

トンネル豆知識

1 トンネルの基礎知識

最初に、トンネルのあらましが理解できるように、定義や種類、歴史や形状など、トンネルに関する基本的な情報を、トンネルの基礎知識として紹介します。また、内部を見るのが難しいトンネルですが、私たちが見ることができる坑口（出入口）について、ここでは詳しく説明します。

中央本線の巌山《いわおやま》トンネル（山梨県）。1902（明治 35）年の開通。風格のある坑口が特徴。

トンネルの定義

ある辞書で「トンネル」を引くと、「山腹、川底または地下を掘り抜いてつくった道路、鉄路、用水路」とあります。もう少し広い意味でとらえると、「山などの隆起した地塊や海、川などの水底または地下の地中を貫通させた人工の土木構造物」ということになります。

しかし、鉱山などで掘られた行き止まりの坑道のことをトンネルとよぶ人もいます。また、高速道路では、シェルターにしか見えない構築物に、トンネルの名称を用いていることもあります。さらに、風化や浸食などによって貫通した洞窟なども、「自然のトンネル」とよばれています。そのため、あまり厳密に考えない方がいいのかもしれません。

一方、地中を貫通する人工の土木構造物がすべてトンネルかというと、そうでもありません。たとえば、細いパイプなどが地中を貫通していてもトンネルとはよばれないので、私たちの持つトンネルのイメージには、ある一定の規模があるようです。

2014（平成26）年9月まで、最も短い鉄道トンネルとされた、JR吾妻《あがつま》線の樽沢トンネル（7.2メートル／群馬県）。八ツ場《やんば》ダムの建設に伴う線路の付け替えで、廃止された。

それを明確にしたのが、地下利用の急増に伴う環境保全を目的に、1970（昭和45）年にアメリカの首都ワシントンDCで開催されたトンネル勧告会議でのトンネルの定義です。それによると、トンネルは、「計画された位置に所定の断面寸法をもって設けられた地下構造物で、その施工法は問わないが、仕上がり断面積が2平方メートル以上のものとする」とされています。

さらに、「断面の高さあるいは幅に対して、地下空間の長さの方が大きい」ということも定義に加えられることもあるので、最短のトンネルとして認定されるには、これも重要な条件となります。

なお、鉄道や道路のトンネルでは、入口と出口のよび方には決まりがあり、鉄道では、その路線の起点に近い方が入口と決められています。

●トンネルのよび方

トンネルは、英語の“tunnel”を英語読みしたものですが、そうよばれるようになったのは、外来語の使用が一般的となった第二次世界大戦後（以下、戦後とする）のことです。第二次世界大戦前（以下、戦前とする）は、中国語と同じく、「隧道《ずいどう》」とよばれていました。

そうしたこともあり、今日でも、「トンネル」と「隧道」は、混在して使われています。たとえば、青函トンネル（→P226）の正式名称は「青函隧道」です。本書では、混乱を避けるため、固有名称を含めて、「トンネル」で統一しました。

トンネルの種類

トンネルは、用途と場所によって分類されます。

用途による分類では、鉄道トンネル、道路トンネル、水路トンネル、貯蔵トンネルなどがあります。

場所による分類では、山岳トンネル、都市トンネル、水底トンネルがあります。ただし、山岳トンネルは、「山岳工法（→P33）によってつくられたトンネル」と混同しないように、注意する必要があります。

トンネルの歴史

人類最初のトンネルは、紀元前2000年ごろのバビロニア（現在のイラクのバグダット以南）でつくられた、ユーフラテス川の川底を横断する歩行者用のトンネルだといわれています。

古代ローマやギリシャでは、灌漑用水路の建設にトンネルを用いたほか、紀元前1200年ごろには、岩窟内に寺院や修道院

東海道本線の住吉川トンネルの現在の姿。トンネルの上を通る道路の中央には、住吉川が流れている。

を設けるため、10キロメートルにも及ぶ地下迷路を掘っています。また、紀元前36年、古代ローマでは、ナポリとポゾリを結ぶ道路に、幅7・6メートル、高さ9・1メートル、長さ1473メートルのポッツォーリ・トンネルを建設したという記録があります。

一方、日本で最初のトンネルは、1763(宝暦13)年に耶《や》馬《ば》渓《けい》(現在の大分県中津市)に掘られた「青の洞門(150メートル)」だといわれています。

1872(明治5)年、日本で最初の鉄道が新橋~横浜間に開業しましたが、そこにはトンネルはなく、最初の鉄道トンネルは、1874(明治7)年に日本で二番目に開業した大阪~神戸間に建設されました。ところが、このトンネルは、山腹を掘った山岳トンネルではなく、川底を掘った水底トンネルで

石屋川トンネルの跡地にある石碑(左)と記念碑(右)。どちらにも、「日本で最初の鉄道トンネル」と記されている。

した。それは、この区間を流れる川のうち、芦屋川、住吉川、石屋川が、土砂の堆積によって川底が周囲の平地より高い「天井川」だったからです。トンネルは、イギリス人技術者の指導で、川の流れを仮の水路に移し、川底を掘り下げて煉瓦を積み上げる工法でつくりました。

この3つのトンネルのうち、最初に工事が完了した石屋川トンネル（61メートル）が、日本で最初の鉄道トンネルになりました。しかし、1919（大正8）年には、複々線化工事を行なうために解体され、他の2つのトンネルと同じく現存せず、跡地には、記念碑があります。

●トンネルの形状

物の代表的な形状は、丸、三角、四角ですが、物理的に外圧に最も強いのは丸です。そのため、周辺の地盤や岩盤から圧力（地圧）を受けることになるトンネルの形状は、丸（円形）が理想です。

一方、鉄道用、自動車用、人用のどれをとっても、使用するうえで最も無駄がない（建設コストを抑えられる）形状は、直線で構成された四角（矩形）です。とくに、車両や人が通行する底辺（床）は、平らにしなければなりません。

こうして、トンネルの形状は、強度と建設コストとの兼ね合いで決めることになるので、通常、三角のトンネルはつくりません。たとえば、地圧の少

3つの形状（丸、三角、四角）への外圧のかかり方

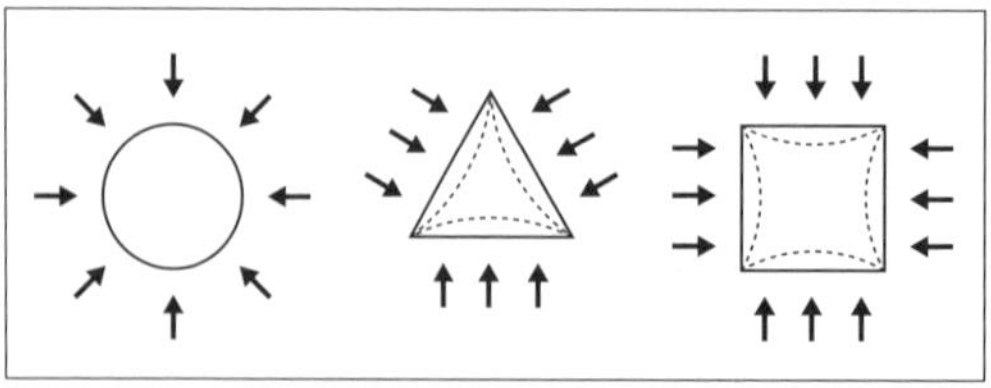

矢印が外圧のかかり方を示し、点線が外圧による「たわみ」を示す。たわみが生じないのは丸ということが理解できる。

ない地下の浅い場所につくるトンネルであれば、建設コストが低く済む矩形のトンネルで十分です。その反面、地圧を大きく受けることになる山岳トンネルは、アーチ（円弧）状にするのが常識です。

ただし、トンネルの強度保持技術が発達していなかった明治から昭和初期までは、底辺を除く断面を円弧状としました。これは、その形が馬の蹄《ひづめ》の形に似ているので、馬蹄形アーチとよばれています。

戦後になると、円形アーチとよばれる、天井部のみが半円アーチで、側面部を垂直にした形状が主流となりました。

なお、トンネルの形状とトンネルの種類は、必ずしも一致しません。都市トンネルの場合を例にとると、開削工法（→P42）でつくったトンネルの形状は矩形で、山岳工法やシールド工法（→P43）でつくったトンネルの形状は、一般的にアーチ状または円形になります。

上越線の清水トンネル（→P156）の坑口と新清水トンネル（→P168）の坑口。昭和初期にできた上の清水トンネルの形状は馬蹄形アーチで、戦後にできた下の新清水トンネルの形状は円形アーチ。

●トンネルの坑口（ポータル）

トンネルの入口と出口の部分を、坑口またはポータルといいます。ポータルは、「Port（港）」から派生した言葉で、「豪華な堂々とした門」を意味しています。戦前の坑口は、煉瓦や石積みでつくっていたので、たいへん趣があります。しかし、戦後は、他の構築物と同じく、没個性的で味気のないコンクリート製になってしまいました。

明治期にできたトンネルの坑口は、一定の様式があり、次のような部分で構成されます。

①坑道を形づくる円弧状のアーチ環
②アーチ環の外側の壁（スパンドレル）
③スパンドレルを補強するために左右両側の縦方向に積んだ付け柱（ピラスター）
④付近の地形に沿ってピラスターから外側に張り出した翼壁（ウイング）
⑤ポータル最上部に横一列に並べた笠石
⑥アーチ環の上部に横一列に並べた帯石
⑦笠石と帯石の間の壁にあたる胸壁（パラペット）
⑧パラペットに付ける銘板（扁額）

また、アーチ環を構成する石のことを迫石《せりいし》といい、アーチの最上部には要石（キーストーン）をはめ込みます。このような坑口は、付け柱と笠石および帯石の形状が鳥居に似ているので、「鳥居型」ともよばれます。こうした細かい点に着目してトンネルを見るのも、楽しいものです。

扁額は、歴史に名を残すようなトンネルに付けられる傾向がありますが、入口と出口の両側に付ける場合と、入口だけに付ける場合があります。そこには、内閣総理大臣などが揮毫《きごう》した（書いた）、トンネルの完成を祝う言葉やトンネルの名称が彫ってあります。

碓氷峠（→ P72）に残る、鳥居型の坑口が美しい第一トンネル。

トンネルの坑口（ポータル）の各部分の名称

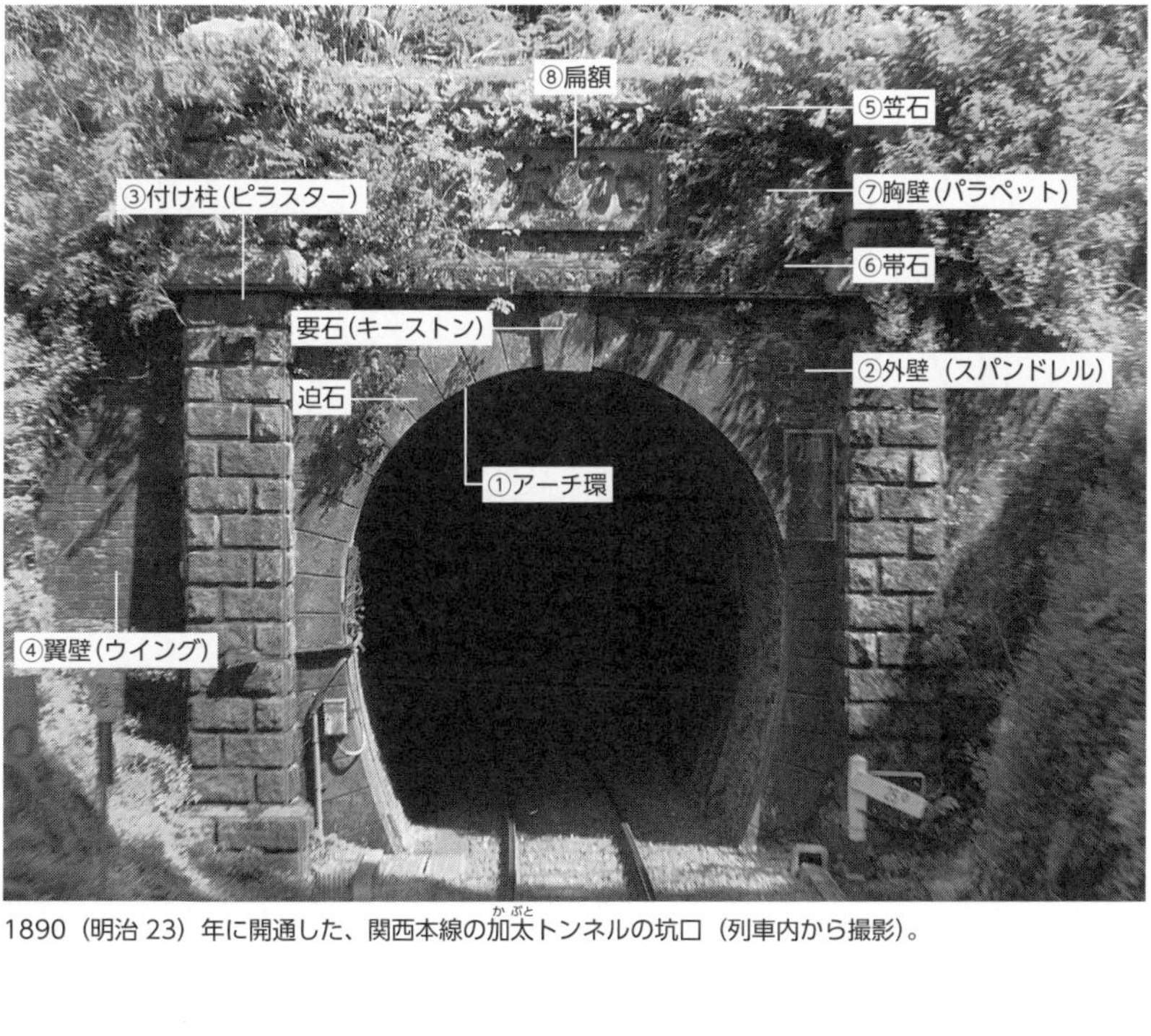

1890（明治 23）年に開通した、関西本線の加太《かぶと》トンネルの坑口（列車内から撮影）。

トンネル豆知識

さまざまな最古のトンネル

日本で最初の山岳トンネルは、1880（明治13）年に滋賀県と京都府の境付近に完成した「逢坂山トンネル（665メートル／→P50）」です。1921（大正10）年、東海道本線の新線が開通したため、廃止となりました。

現存する最古の鉄道トンネルは、1881（明治14）年に完成した福井県の「小刀根《ことね》トンネル（56メートル／→P56）」です。鉄道の廃止に伴い、いまでは道路用のトンネルとなっています。

現役最古の鉄道トンネルは、東海道本線の横浜～戸塚間の上り線にある「清水谷戸《しみずやと》トンネル（214メートル）」です。1887（明治20）年に開通しました。

なお、現役最古の道路トンネルは、1890（明治23）年にできた、国道143号線の明通《あけどおし》トンネル（95メートル／長野県青木村）です。

東海道本線の清水谷戸トンネル。現役最古の鉄道トンネルは、左側のトンネル。

2 日本列島の背骨を貫く鉄道のトンネル

日本の鉄道は、人や物資の交流を盛んにし、文化面や経済面での交流を盛んにしていくことを目的に、明治以降、全国各地で建設が進められました。その結果、それまで交流をさまたげていた高い山や峠を越える鉄道が建設され、それらを越えるために、多くのトンネルがつくられました。

太平洋側の群馬県と日本海側の新潟県の境にある新清水トンネルを抜けた、上越線の下り列車。左に見えるのは、上り線用の清水トンネルの坑口。

分水嶺と中央分水界

降った雨の流れる方向を分ける境界線

山の頂上や峠に降った雨は、斜面を伝って谷に流れ、川となって平野に下り、やがて海に注ぎます。この雨が、どちらの斜面を伝い、どちらの谷に流れ、どの川に注ぐかで、最終的に到達する平野や海が異なる場合があります。このように、降った雨を異なる水系に分ける山の嶺を「分水嶺」といいます。

山がちで地形が複雑な日本には、この分水嶺を越える鉄道の路線がたくさんあります。

山や峠にある太平洋側と日本海側の境目

分水嶺のなかでも、水の流れを太平洋側と日本海側に分ける分水嶺は、「中央分水界」とよばれます。中央分水界は、20～21ページの地図にもあるように、日本列島の背骨を形成する山地や山脈を通り、北海道から本州を経て、九州に至ります。その大部分が、県境や市町村の境となっていて、気候や風土の境目にもなっています。この中央分水界を鉄道で越える場合、多くの路線は、その下をトンネルで抜けています。

ところで、1970年代のことですが、当時は国鉄だった中央本線では、塩尻から名古屋方面に向かう普通列車の車内で、次のような車掌のアナウンスがありました。

「いま左手に見えるのは奈良井川です。やがて犀川《さいがわ》となって千曲川《ちくまがわ》に合流し、最後は信濃川となって日本海に注ぎます。川の流れは列車の進行方向とは逆です。これから列車は、鳥居峠の下を貫く新鳥居トンネルをくぐりますが、このトンネルを抜けると、川の流れは列車の進行方向と同じになります。この川は、奈良井川ではなく、木曽川です。木曽谷を下り、濃尾平野を通り、太平洋に注ぎます。つまり、これから通る新鳥居トンネルの上には、水の流れを太平洋側と日本海側に分ける分水嶺があるのです。」

　このアナウンスがなければ、中央分水界の存在には気づかず、新鳥居トンネルを通り過ぎていたことでしょう。

奈良井を出て、新鳥居トンネルに向かう普通列車。手前の奈良井川の流れは、列車の進行方向と逆。

新鳥居トンネルを抜け、名古屋方面に向かう特急列車。左側の川の流れは、列車の進行方向と同じ。

鳥居峠付近の地図

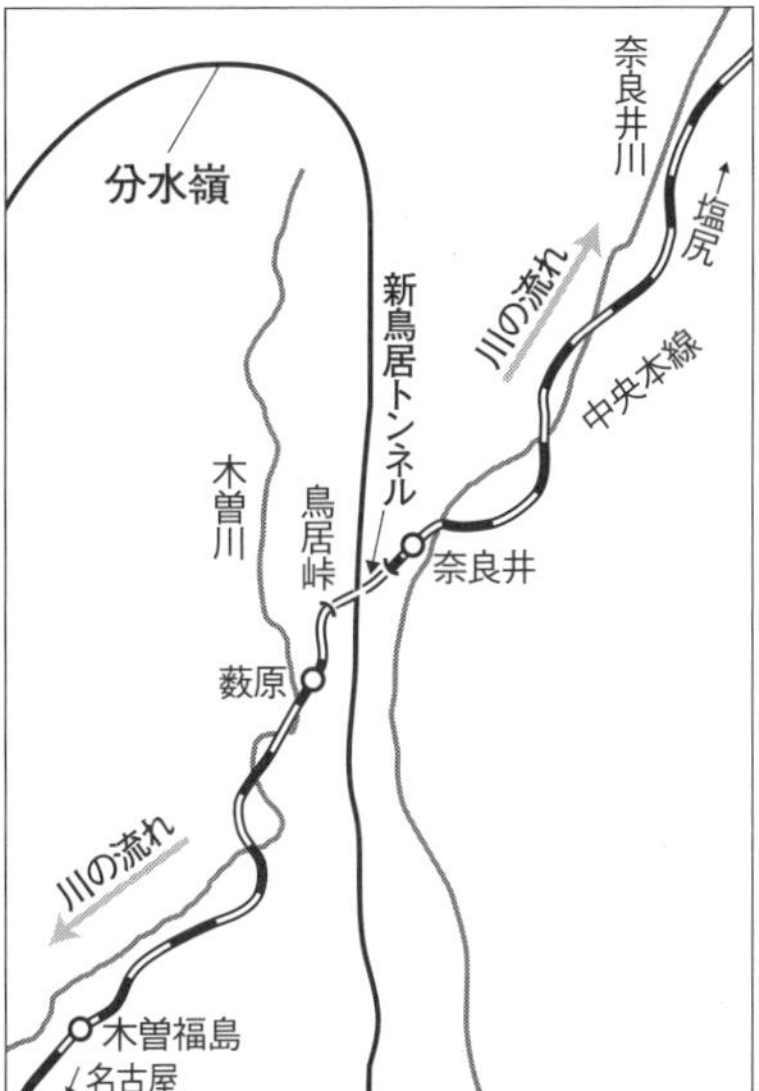

中央分水界を貫く鉄道のトンネル

左の地図は、トンネルを抜けたり峠を越えたりして中央分水界を越える路線のうち、おもなものとして、30路線38区間を示したものです（①～㊳）。そのうち、23路線30区間が、トンネルで抜けています（表の番号に★を付けたところ）。22ページからは、これら中央分水界を越える鉄道のトンネルを紹介していきます。また、四国には中央分水界は通りませんが、水の流れを太平洋側と瀬戸内海側に分ける分水嶺があり、そこを越える路線があります。ここでは、そうした路線の5つのトンネルも記しました（㊴～㊸／表の番号に☆を付けたところ）。

いまでは、観光列車でなければ、車窓の風景などのアナウンスはないと思いますが、列車に乗るときに、これらのトンネルの前後で、川が流れる方向を確認できれば、中央分水界を列車で越えたことを実感できるのではないでしょうか。

中央分水界を越えるおもな鉄道路線

番号	トンネル	線名	区間
㉙★	志戸坂トンネル	智頭急行	あわくら温泉～山郷
㉚★	物見トンネル	JR因美線	美作河井～那岐
㉛★	谷田トンネル	JR伯備線	新郷～上石見
㉜		JR芸備線	道後山～備後落合
㉝		JR福塩線	備後矢野～上下
㉞		JR芸備線	吉田口～向原
㉟★	田代トンネル	JR山口線	仁保～篠目
㊱★	大ヶ峠トンネル	JR美祢線	於福～渋木
㊲★	水分トンネル	JR久大本線	野矢～由布院
㊳★	坂ノ上トンネル	JR豊肥本線	宮地～波野
㊴☆	大坂山トンネル	JR高徳線	讃岐相生～阿波大宮
㊵☆	猪鼻トンネル	JR土讃線	讃岐財田～坪尻
㊶☆	夜昼トンネル	JR予讃線	伊予平野～千丈
㊷☆	笠置トンネル	JR予讃線	双岩～伊予石城
㊸☆	法華津トンネル	JR予讃線	下宇和～立間

番号	トンネル	線名	区間
①★	石北トンネル	JR石北本線	上川～白滝
②★	新狩勝トンネル	JR根室本線・石勝線	落合・トマム～新得
③★	第二串内トンネル	JR石勝線	トマム～新得
④★	登川トンネル	JR石勝線	新夕張～占冠
⑤		JR函館本線	二股～黒松内
⑥★	新大釈迦トンネル	JR奥羽本線	大釈迦～鶴ケ坂
⑦★	藤倉トンネル	JR花輪線	横間～田山
⑧★	仙岩トンネル	JR田沢湖線（秋田新幹線）	赤渕～田沢湖
⑨		JR北上線	ゆだ高原～黒沢
⑩		JR陸羽東線	中山平温泉～堺田
⑪★	仙山トンネル	JR仙山線	奥新川～面白山高原
⑫★	板谷峠トンネル	JR奥羽本線（山形新幹線／上り）	峠～板谷
⑬★	第二板谷峠トンネル	JR奥羽本線（山形新幹線／下り）	板谷～峠
⑭★	沼上トンネル	JR磐越西線	中山宿～上戸
⑮★	山王トンネル	野岩鉄道	男鹿高原～会津高原尾瀬口
⑯★	清水トンネル	JR上越線（上り）	土樽～土合
⑰★	新清水トンネル	JR上越線（下り）	水上～土樽
⑱★	大清水トンネル	JR上越新幹線	上毛高原～越後湯沢
⑲★	碓氷峠トンネル	JR北陸新幹線	安中榛名～軽井沢
⑳		JR小海線	清里～野辺山
㉑★	塩嶺トンネル	JR中央本線	岡谷～みどり湖
㉒★	善知鳥トンネル	JR中央本線	小野～塩尻
㉓★	新鳥居トンネル	JR中央本線	藪原～奈良井
㉔★	宮トンネル	JR高山本線	久々野～飛騨一ノ宮
㉕★	深坂トンネル	JR北陸本線（上り）	新疋田～近江塩津
㉖★	新深坂トンネル	JR北陸本線（下り）	近江塩津～新疋田
㉗		JR山陰本線	胡麻～下山
㉘★	生野トンネル	JR播但線	生野～新井

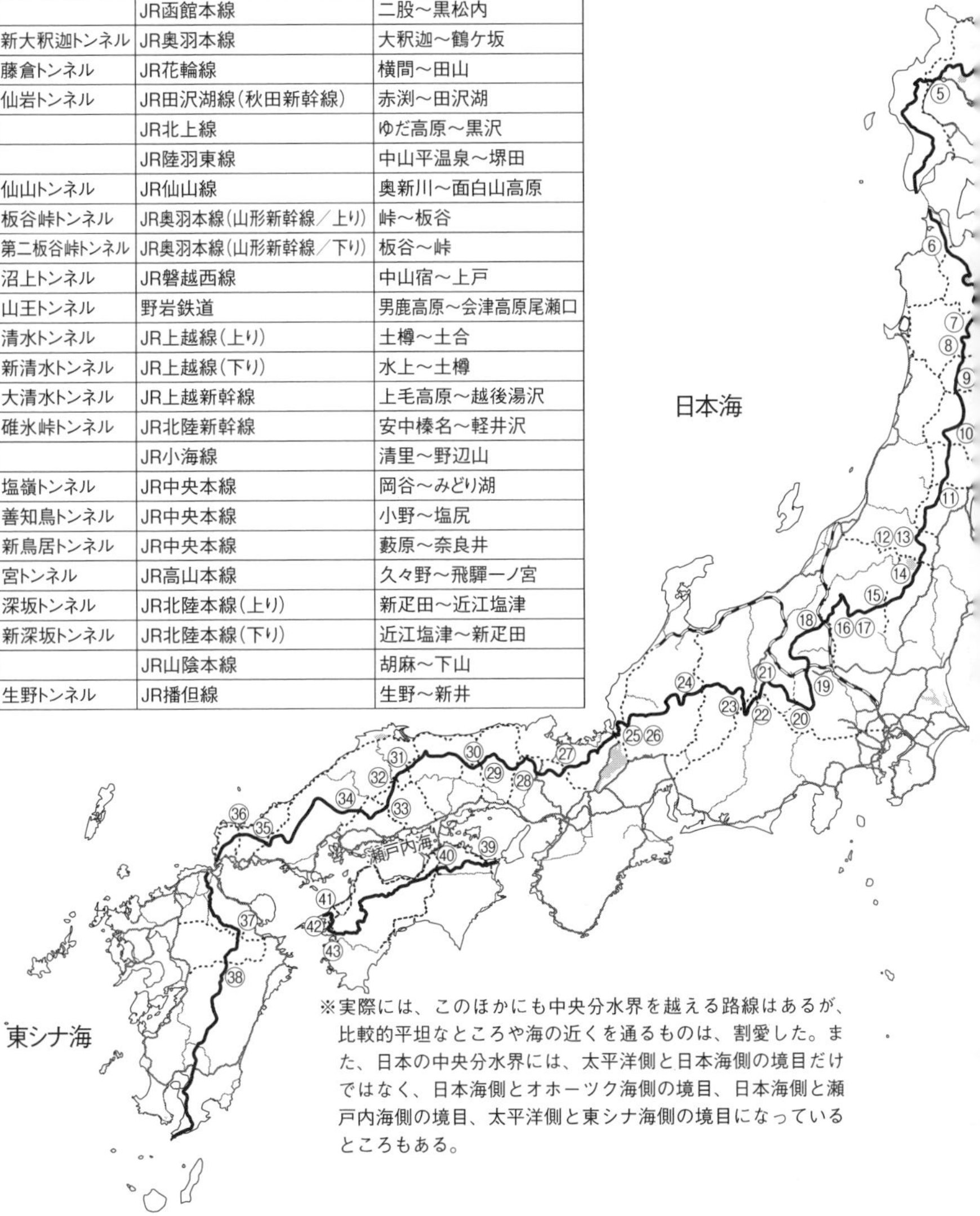

※実際には、このほかにも中央分水界を越える路線はあるが、比較的平坦なところや海の近くを通るものは、割愛した。また、日本の中央分水界には、太平洋側と日本海側の境目だけではなく、日本海側とオホーツク海側の境目、日本海側と瀬戸内海側の境目、太平洋側と東シナ海側の境目になっているところもある。

ここからは、そうした中央分水界を貫く鉄道のトンネルのうち、38のトンネルについて、トンネル名（20～21ページ地図と表の番号）、路線名（路）、区間（区）、全長（長）*、開通年（営業運転開始年／年）を示します。また、太平洋側と瀬戸内海側を分ける四国の分水嶺を貫く5つの鉄道トンネルについても、同じように紹介します。

＊全長が公表されていない場合は、割愛した。

①石北トンネル――路：JR石北本線／区：上川～白滝／長：4329メートル／年：1932（昭和7）年

北見山地の南部、北見峠の下を抜ける。かつての石狩国と北見国の境にあるトンネルなので、その名が付いた。このトンネルの開通で、旭川（新旭川）と網走を結ぶ石北本線は全通した。トンネル前後の2駅間（上川～白滝）の距離は37・3キロメートルあり、在来線では最長。

②新狩勝トンネル――路：JR根室本線・石勝線／区：落合・トマム～新得*／長：5810メートル／年：1966（昭和41）年

日高山脈の北部を貫く。かつての石狩国と十勝国の境にあるトンネルなので、その名が付いた。北海道の鉄道で最大の難所のひとつだった狩勝峠を越える、急勾配の続く旧線の付け替えのために建設。トンネル内には上落合信号所があり、根室本線と石勝線が分岐・合流している。

＊上落合信号所～新得間は、根室本線と石勝線の共用区間。

③第二串内トンネル――路：JR石勝線／区：トマム～新得／長：4225メートル／年：1981（昭和

56）年

④登川トンネル――路：ＪＲ石勝線／区：新夕張～占冠《しむかっぷ》／長：５７００メートル／年：１９８１（昭和56）年

石勝線は、札幌や千歳空港（いまの新千歳空港）と帯広や釧路との間を短時間で結ぶために建設したバイパス路線。第二串内トンネルは、日高山脈の北部を貫き、登川トンネルは、夕張山脈を貫く。これらのトンネルを走る列車は特急列車だけで、普通列車は走っていない。

⑥新大釈迦トンネル――路：ＪＲ奥羽本線／区：大釈迦～鶴ケ坂／長：２２４０メートル／年：１９８４（昭和59）年

津軽山地の南部、青森県の青森市と旧浪岡町（いまは合併して青森市）の境にある大釈迦峠の下を抜ける。

⑦藤倉トンネル――路：ＪＲ花輪線／区：横間～田山／長：６４５メートル／年：１９２９（昭和４）年

岩手県八幡平市にあり、奥羽山脈北部の貝梨峠の南を抜ける。

⑧仙岩トンネル――路：ＪＲ田沢湖線（秋田新幹線）／区：赤渕～田沢湖／長：３９１５メートル／年：１９６６（昭和41）年

奥羽山脈の北部、岩手県と秋田県の境にある仙岩峠の南を抜ける。トンネル名は、秋田県仙北郡と岩手県岩手郡の２つの郡の頭の文字をとった。

⑪仙山トンネル――路：ＪＲ仙山線／区：奥新川《おくにっかわ》～面白山《おもしろやま》高原／長：５３６１メートル／年：１９３７（昭和12）年

奥羽山脈の中央部、宮城県仙台市と山形県山形市の境にある面白山の下を抜ける。面白山トンネルともよばれる。

⑫板谷峠トンネル――路：ＪＲ奥羽本線（山形新幹線／上り）／区：峠～板谷／年：１９７１（昭和46）年

⑬第二板谷峠トンネル――路：ＪＲ奥羽本線（山形新幹線／下り）／区：板谷～峠／長：１６２９メートル／年：１８９９（明治32）年

奥羽山脈の南部、福島県との県境に近い山形県南部にある板谷峠の下を抜ける。奥羽本線では、山形新幹線を通すために線路の改良などを行なったが、かつては、トンネルの前後に、４つのスイッチバック（↓P106）の駅があった。

⑭沼上トンネル――路：ＪＲ磐越西線／区：中山宿～上戸《じょうこ》／長：９３５メートル／年：１９６７（昭和42）年

奥羽山脈の南部、福島県の郡山市と猪苗代町の境にある中山峠の下を抜ける。現在のトンネルは、磐越西線の電化に伴い建設したもの。

⑮山王トンネル――路：野岩《やがん》鉄道／区：男鹿《おじか》高原～会津高原尾瀬口／長：３４４１メートル／年：１９８６（昭和61）年

奥羽山脈の南部、栃木県日光市と福島県南会津町の境にある山王峠の下を抜ける。野岩鉄道は、東武鉄道や会津鉄道との直通運転を行なっている第三セクター鉄道。

⑯清水トンネル――路：ＪＲ上越線（上り）／区：土樽～土合《どあい》／長：９７０２メートル／年：１９３１（昭和６）年

⑰新清水トンネル――路：ＪＲ上越線（下り）／区：水上～土樽／長：１３５００メートル／年：１９６７（昭和42）年

⑱大《だい》清水トンネル――路：ＪＲ上越新幹線／区：上毛高原～越後湯沢／長：２２２２１メートル／年：１９８２（昭和57）年

上越国境にそびえる谷川連峰の下を貫き、群馬県みなかみ町と新潟県湯沢町を結ぶ。清水トンネルは、川端康成の小説『雪国』の冒頭で登場するトンネル。新清水トンネルは、上越線の複線化に伴い建設され、大清水トンネルは、上越新幹線の建設に伴いつくられた（→Ｐ168）。いずれも、首都圏と新潟県を結ぶ重要な役割を果たす。

⑲碓《うす》氷《い》峠《とうげ》トンネル――路：ＪＲ北陸新幹線／区：安中榛名～軽井沢／長：６０９２メートル／年：１９９７（平成９）年

群馬県安中市と長野県軽井沢町の境にある碓氷峠の北を抜ける。このトンネルを通る長野新幹線（現在は北陸新幹線）の開業により、日本の鉄道では最大の難所といわれた信越本線の横川・軽井沢間（碓氷峠越え／→Ｐ72）は廃止となった。

㉑塩嶺《えんれい》トンネル――路：ＪＲ中央本線／区：岡谷～みどり湖／長：５９９４メートル／年：１９８３（昭和58）年

長野県の岡谷市と塩尻市の境にある塩尻峠（塩嶺）の下を抜ける。中央本線の短縮ルートとして建設された（→Ｐ137）。

㉒善知鳥《うとう》トンネル――路：JR中央本線／区：小野～塩尻／長：1653メートル／年：1906（明治39）年

長野県塩尻市にあり、松本盆地と伊那盆地を結ぶ善知鳥峠の下を抜ける。塩嶺トンネルの開通で、通過する列車の本数は減った（↓P137）。

㉓新鳥居トンネル――路：JR中央本線／区：藪原～奈良井／長：2157メートル／年：1969（昭和44）年

長野県の西部、木曽谷と松本盆地を結ぶ鳥居峠の下を抜ける（↓P19）。現在のトンネルは、中央本線の複線化に伴い建設したもの。

㉔宮トンネル――路：JR高山本線／区：久々野《くぐの》～飛騨一ノ宮／長：2080メートル／年：1934（昭和9）年

岐阜県北部の旧宮村と旧久々野町（いずれも合併して現在は高山市）の境にある宮峠の西を抜ける。高山本線では最長のトンネル。

㉕深坂トンネル――路：JR北陸本線（上り）／区：新疋田《しんひきた》～近江塩津／長：5170メートル／年：1957（昭和32）年

㉖新深坂トンネル――路：JR北陸本線（下り）／区：近江塩津～新疋田／長：5173メートル／年：1966（昭和41）年

琵琶湖北方の野坂山地を貫き、滋賀県長浜市と福井県敦賀市を結ぶ。柳ケ瀬トンネル（↓P

48）を経由し、急勾配が連続していた北陸本線の短縮ルートとして建設した。新深坂トンネルは、北陸本線の複線化に伴い、深坂トンネルと並行して建設した。

㉘生野トンネル――路：ＪＲ播但線／区：生野～新井／年：１９０１（明治34）年
中国山地の東部、兵庫県中部の朝来市《あさご》にある生野峠の下を抜ける。

㉙志戸坂トンネル――路：智頭《ちず》急行／区：あわくら温泉～山郷／長：５５９２メートル／年：１９９４（平成6）年
中国山地の東部、岡山県西粟倉村と鳥取県智頭町の境にある志戸坂峠の下を抜ける。第三セクター鉄道の智頭急行は、京阪神地方と鳥取県を短時間で結ぶために建設したバイパス路線。

㉚物見トンネル――路：ＪＲ因美線／区：美作河井《みまさかかわい》～那岐／長：３０７７メートル／年：１９３２（昭和7）年
中国山地の東部、岡山県津山市と鳥取県智頭町の境にある物見峠の南を抜ける。

㉛谷田《たんだ》トンネル――路：ＪＲ伯備線／区：新郷《にいざと》～上石見《かみいわみ》／年：１９２６（大正15）年
中国山地の東部、岡山県新見市と鳥取県日南町の境にある谷田峠の下を抜ける。

㉟田代トンネル――路：ＪＲ山口線／区：仁保～篠目／長：１８９７メートル／年：１９１７（大正6）年
山口県の山口市と阿東町の境を通る。

㊱大ヶ峠《おおがたお》トンネル――路：ＪＲ美祢線／区：於福《おふく》～渋木／長：１４８１メートル／年：１９２４（大正13）年
山口県の美祢市と長門市の境にある大ヶ峠の下を抜ける。

㊲水分トンネル――路：ＪＲ久大本線／区：野矢～由布院／年：１９２６（大正15）年

大分県の中部、由布市と九重町の境にある水分峠の下を通る。峠が分水界なので、その名が付いた。

㊳坂ノ上トンネル――路：ＪＲ豊肥本線／区：宮地～波野／長：２８８３メートル／年：１９２８（昭和３）年

熊本県の北東部、阿蘇外輪山の下を貫く。

㊴大坂山トンネル――路：ＪＲ高徳線／区：讃岐相生《あいおい》～阿波大宮／長：９８９メートル／年：１９３５（昭和10）年

讃岐山脈の東部、香川県東かがわ市と徳島県鳴門市の境にある大坂峠の下を抜ける。

㊵猪鼻《いのはな》トンネル――路：ＪＲ土讃線／区：讃岐財田《さいだ》～坪尻／長：３８４５メートル／年：１９２９（昭和４）年

讃岐山脈の西部、香川県三豊市と徳島県三好市の境にある猪鼻峠の下を抜ける。

㊶夜昼トンネル――路：ＪＲ予讃線／区：伊予平野～千丈／長：２８７０メートル／年：１９３９（昭和14）年

愛媛県南西部の大洲市と八幡浜市の境にある夜昼峠の下を抜ける。

㊷笠置トンネル――路：ＪＲ予讃線／区：双岩～伊予石城／年：１９４５（昭和20）年

愛媛県南西部の八幡浜市と西予市の境にある笠置峠の下を抜ける。

㊸法華津トンネル――路：ＪＲ予讃線／区：下宇和～立間／年：１９４１（昭和16）年

愛媛県南西部の西予市と宇和島市の境にある法華津峠の下を抜ける。

3 トンネルの工法

トンネルをつくるには、掘る場所や山の状態に応じて、さまざまな工法を用います。第4章以降では、歴史に残る主要な鉄道トンネルを紹介し、それぞれ、どんな工法で建設したのかということに触れています。その前に、ここではトンネルの工法について、分かりやすく解説します。

重機を使い、山岳工法（→ P33）で建設中のトンネル。

写真提供：独立行政法人 鉄道建設・運輸施設整備支援機構

●トンネルの掘削と地山

地山《じやま》は、天然の状態にある地盤のことですが、トンネル掘削の対象となる山のことも、地山といいます。トンネルの掘削技術の進歩に伴い、地山に応じ、さまざまな工法を選べるようになりましたが、地山の状態により、トンネルを掘る難易度には大きな差が出ます。

トンネルの掘削に適した地山

トンネルの掘削に適しているのは、軟らかくてもろい地山（軟岩地山）よりも、硬くて締まった地山（硬岩地山）です。地山は、浸食された岩石や土砂などの堆積物で構成されています。

硬岩地山とは、固結した地盤のことです。安山岩などの火成岩や花崗岩《かこうがん》などの深成岩から成る地盤は、一般的にトンネルの掘削に適しています。また、堆積岩のなかでも、長い年月をかけて岩石化が進んだ礫岩《れきがん》や凝灰岩《ぎょうかいがん》の地盤は、堅固なので、トンネルの掘削に適しています。ただし、年代の浅い堆積岩で構成された地盤は、固結していないうえに、軟弱で地下水を含みやすいので、トンネルの掘削には適しません。

なお、山や谷など、複雑な起伏のある地表に堆積した地層では、不整合面*を形成するので、とくに長いトンネルを掘る場合には、均一的な地質状態が続くことはありません。そのため、良い地質の場所と悪い地質の場所が混在することになります。

＊不整合面…初めにできた地層と後からできた地層とが連続して堆積していない、不整合の関係にある2つの地層の境界線。

トンネルの掘削と地下水

トンネルの掘削は、地下水との闘いといわれています。どんなに良好な地質であっても、地下水の湧き出しは覚悟しなければならず、地質とともに、トンネル工事を難航させる要因です。

一般的に、硬い岩盤の地質では、出水事故を招く大量の水が滞留していることはまれです。一方、軟弱な地質の多くは、水を含んでいる地層を形成しています。

数百万年ほどしか経過していない堆積層のほか、劣化した砂岩や泥岩の層は、大量の水を含んでいることが往々にしてあります。また、角礫岩《かくれきがん》や粘土から成る断層破砕帯*も、水を含みやすい構造のため、大量出水事故が起きています。

*断層破砕帯…地殻変動などにより、断層周辺の岩石が大きな力で破砕され、岩石の破片の間が、隙間の多い状態となっている地質構造。

九州新幹線の筑紫トンネルの掘削時に発生した、地下水の湧き出し。

写真提供：独立行政法人 鉄道建設・運輸施設整備支援機構

トンネルの保守

トンネルは、完成後も、褶曲《しゅうきょく》、断層、隆起といった地山の活動により、大きな影響を受けることがあります。奥羽本線の赤岩第一トンネル（板谷峠）や中央本線の横吹第二トンネル（→P149）などは、地殻変動のために完成後10年ほどで廃止となり、新たなトンネルをつくりました。また、1996（平成8）年に岩盤崩落事故が起きた、国道229号線の豊浜トンネル（北海道余市町・古平町《ふるびら》）は、完成後12年しか経過していませんでした。

トンネルは、気温などの環境変化が少なく、比較的安定したインフラ設備といわれていますが、構造上、変状（異状）に気付きにくいという難点があります。豊浜トンネルの事故では、事前に天井から土砂の落下現象があったにもかかわらず放置したとして、管理者責任が問われました。その

鉄道のトンネルで行なわれている保守工事の事例。トンネルの変状対策として、ロックボルトという特殊なボルトを打ち込み、補強を行なっている。　写真提供：大鉄工業株式会社

ため、トンネルには、定期的なメンテナンスとともに、事故が起きる兆候をチェックする体制づくりが必要です。

●トンネルの施工方法

トンネルのおもな施工方法には、山岳工法、開削工法、シールド工法、沈埋《ちんまい》工法の4つがあります。

山岳工法

土を掘ってトンネルをつくる、最も一般的な工法です。トンネルを掘る作業（掘削）と、掘ったトンネルが崩れないように保護する作業（支保）を繰り返しながら、トンネルを完成させます。

「掘削に関する工法」と「支保に関する工法」として、次のような方式や工法があります。

なお、34〜39ページで説明する掘削に関する工法には、3つの「掘削方式」があり、さらに、「断面掘削工法」と「掘削を支援する工法」には、それぞれ2つの工法があります。

山岳工法

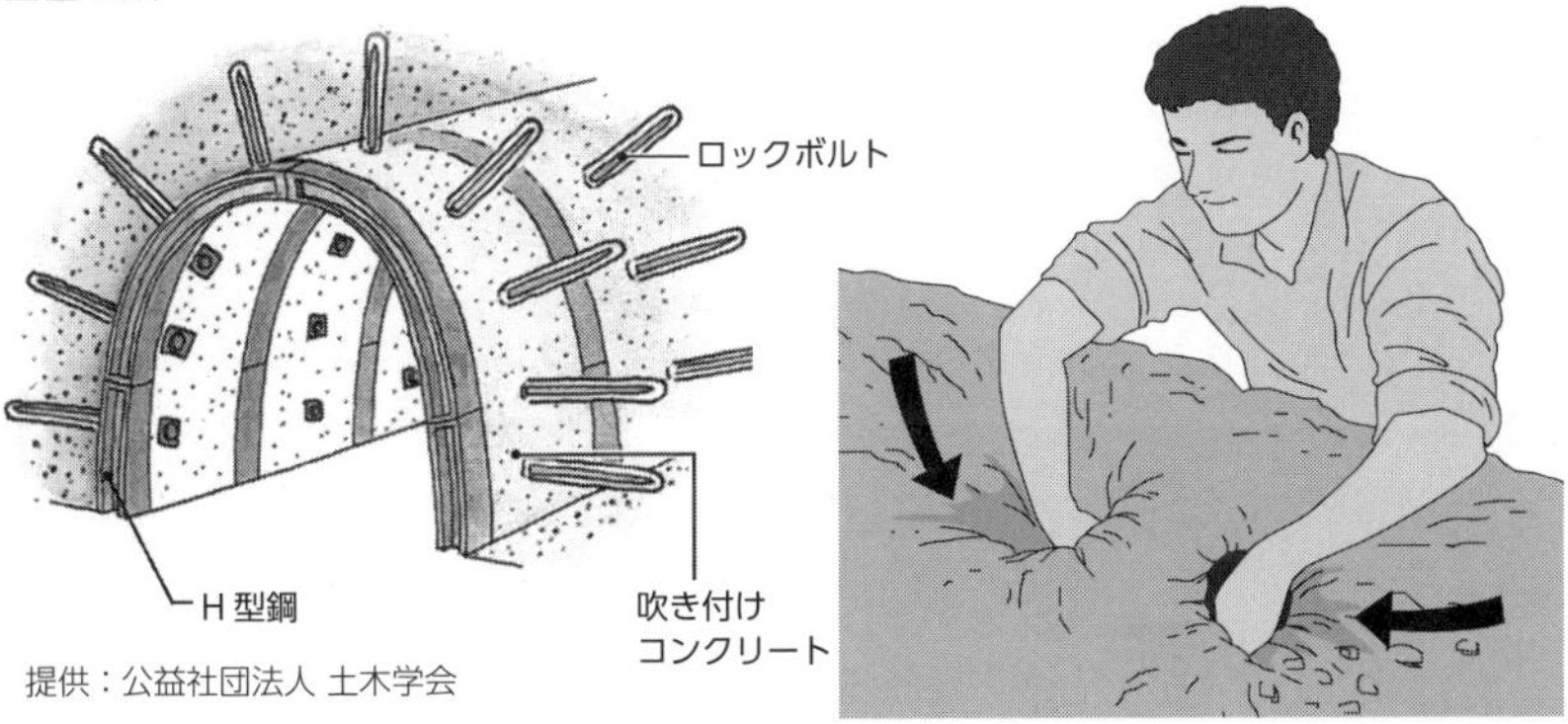

提供：公益社団法人 土木学会

右のイラストのように、トンネルを横方向に掘りながら、左のイラストのように、鉄の枠や吹き付けコンクリート、ロックボルトで地山を支え、最後にコンクリートで固めてトンネルをつくる。

《掘削に関する工法》

掘削に関する工法では、地山の状態や周辺の環境に応じて、次の3つの「掘削方式」を用います。

①人力掘削方式…人力（手作業）で掘る方式。

②機械掘削方式…削岩機やトンネルボーリングマシン（ＴＢＭ）のような機械を使って掘る方式。

③発破掘削方式…ダイナマイトなどの火薬物によって地山を爆破して掘る方式。

通常、トンネルの採掘は、機械掘削方式か発破掘削方式のどちらかを主体に行ないますが、地山に引火性の天然ガスなどが含まれている場合や、地山を緩ませないように慎重に掘削する必要がある場合などに

八ッ場《やんば》ダム建設に伴う JR 吾妻《あがつま》線のトンネル新設工事で使用された、外径 6.82 メートルのトンネルボーリングマシン。

写真提供：川崎重工業株式会社

は、いまでも手作業による掘削を行なっています。

また、「断面掘削工法」としては、次の2つの工法を用いますが、どちらにするかは、切羽《きりは》の自立性によって決まります。トンネル用語では、掘削の最先端部のことを「切羽」といい、掘った地盤が崩れずにそのままの状態を保つことを「自立する」といいます。

①全断面掘削工法

全断面を一度に掘削する工法。切羽の自立性が高い場合に用いる。

②部分断面掘削工法

全断面をいくつかの断面に分けて掘削する工法。切羽の自立性が低い場合に用い、さらに、次の2つの工法がある。

(1)ベンチカット工法…断面閉合といって、掘削断面を上下に分け、上部断面を先に掘削し、その後、下部断面を掘削する工法。断面の形状が椅子のベンチに似ているので、この名が付いた。上部半断面の掘削後に残るベンチ状の部分(ベンチ)の長さにより、「ロングベンチカット工法(100メートル前後)」「ショートベンチカット工法(30メートル前後)」「ミニベンチカット工法(数メートル)」に分かれる。通常は、「上下二段

ベンチカット工法

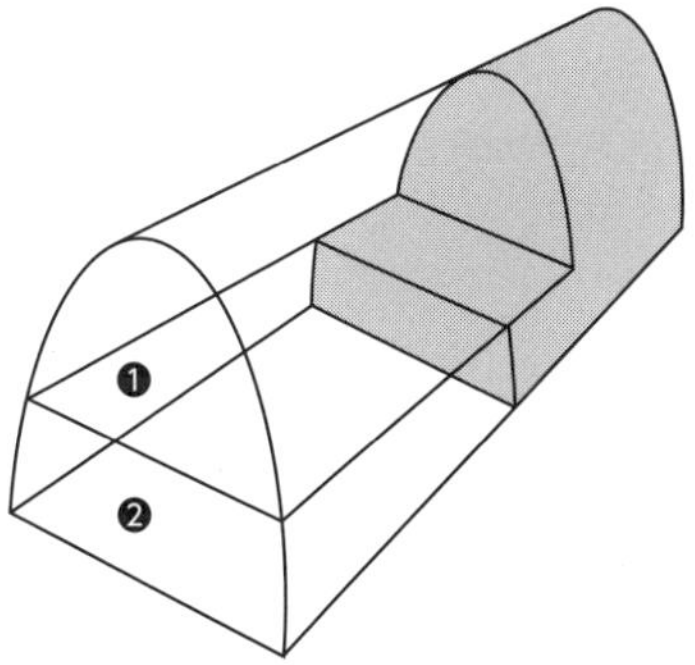

❶の上部断面を掘削してから❷の下部断面を掘削するので、下部断面がベンチのような形状で残る。

ベンチ」を用いるが、切羽が崩壊する可能性が高いときなどには、三段以上の「多段ベンチ」を用いることもある。

(2) 導坑先進工法…断面の小さいトンネル（導坑）を先に掘り、その後、全断面に切り拡げる工法。導坑の位置により、「底設導坑先進工法」「中央導坑先進工法」「頂設導坑先進工法」「側壁導坑先進工法」に分かれる。

最後に、「掘削を支援する工法」には、「工事地盤を防護する工法」と「本坑以外のトンネ

4つの導坑先進工法

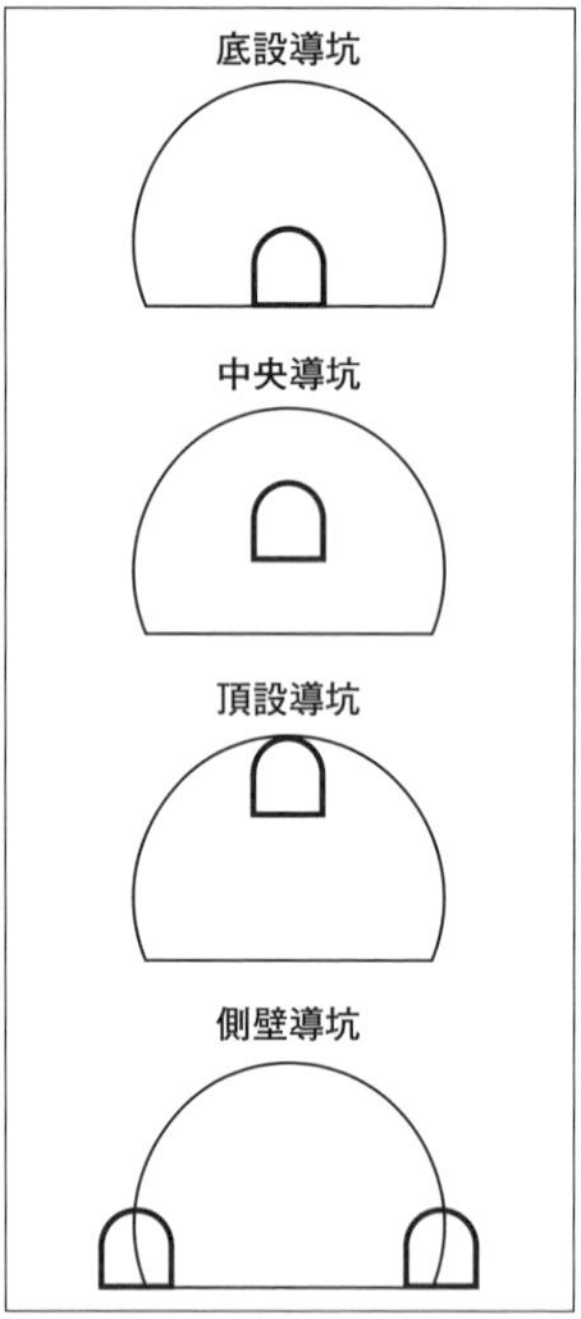

トンネルの断面に示した小さなトンネルが、先に掘ることになる各導坑の位置を示す。

3つの標準的なベンチカット工法

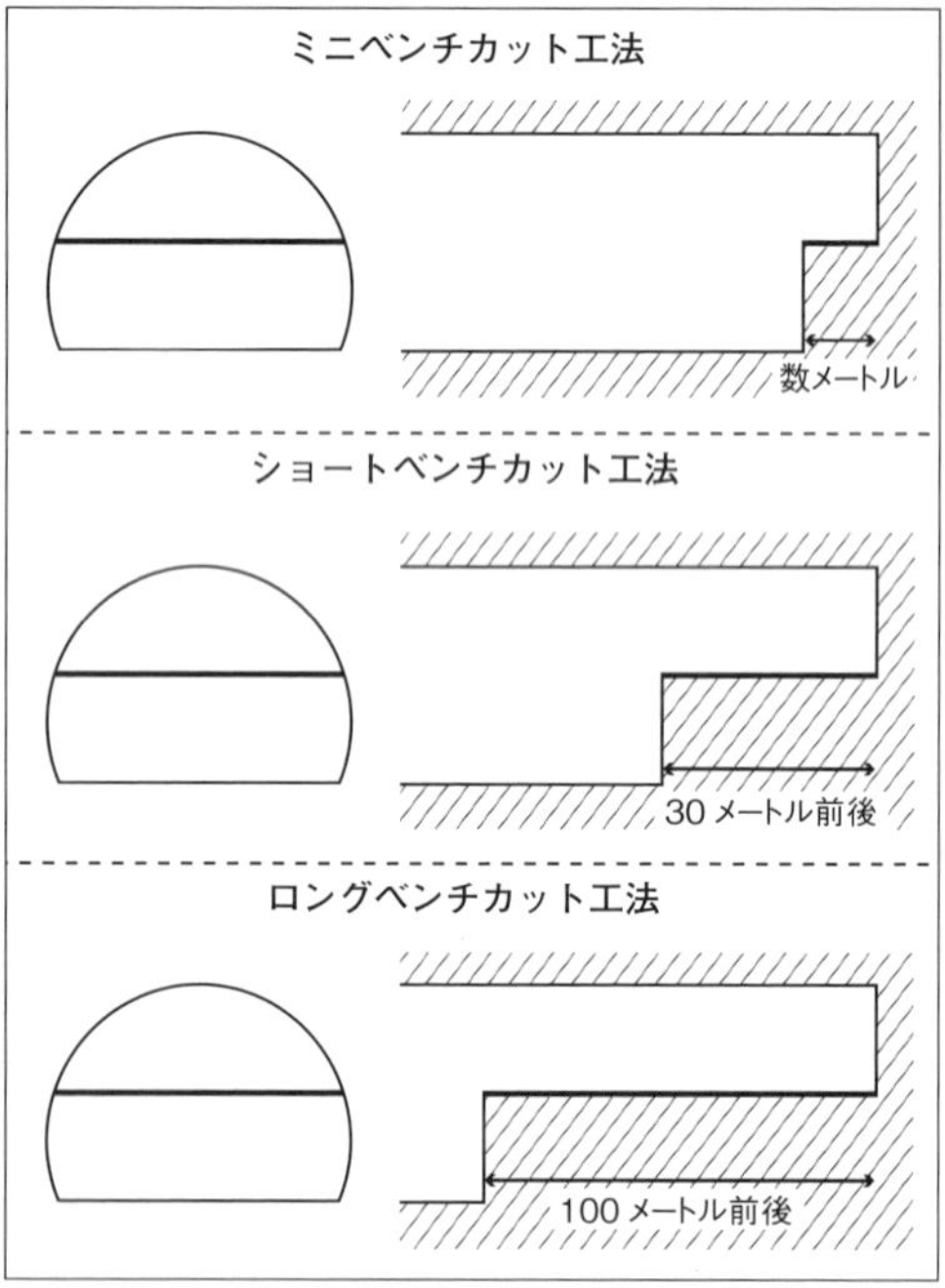

各工法とも、左が掘削断面を正面から見た図で、右が掘削断面を横から見た図。ベンチ部分の長さに違いがある。

ルを設ける工法」の2つがあります。さらに、「工事地盤を防護する工法」には、4つの工法があります。

①工事地盤を防護する工法

(1) 薬液注入工法…あらかじめ、水ガラスやセメントからなる薬液を地盤に注入することで、切羽の自立性を高めたり、地下水の噴出や地盤の膨張・押し出しを抑制したりする工法。

(2) 凍結工法…冷凍管を地盤に巡らせ、冷凍液を循環させることで地盤を凍結させ、地下水の流入を阻止する工法。福島第一原子力発電所の事故への対応で用いた「凍土壁」は、この工法を応用したもの。

(3) 圧気工法（圧搾空気掘削工法）…工事中の坑道内を気密状態にして、そこに圧搾空気を送って気圧を高めることで、地下水の噴出を抑圧する工法。以前は、シールド工法（→P43）と併用していたが、大がかりな設備を必要とするほか、気圧が高い状態での作業となるために制約が多く、地上への土砂噴出といった事故の危険性もあるので、近年では、ほとんど行なわれなくなった。

(4) パイプルーフ工法…トンネルの天井や壁となる部分の外側に、あらかじめ圧入機で鋼管を並べるように挿入し、掘削時の地盤沈下を防止する工法。地上に建物がある都市部の工事で、用いることがある。

②本坑以外のトンネルを設ける工法

長いトンネルの建設では、工期を短縮するために、工区（工事担当区域）を細分化する。そして、坑口に接していない中間工区では、そこに到達するため、最初に工事用のトンネルを掘る。工事用のトンネルには、垂直方向に掘る「立坑（竪坑または縦坑とも書く）」、水平方向に掘る「横坑」、斜め方向に掘る「斜坑」がある。これらは、排気設備が不十分だった時代には、換気口の役割を果たした。なかでも立坑は、蒸気機関車が主流の時代には、トンネルの開通後、排煙設備として活用した。

また、絶対に崩壊事故が許されない海底トンネルの工事などでは、地質の確認や本坑掘削予定地域への薬液注入といった作業のため、本坑に先行して、小さい断面のト

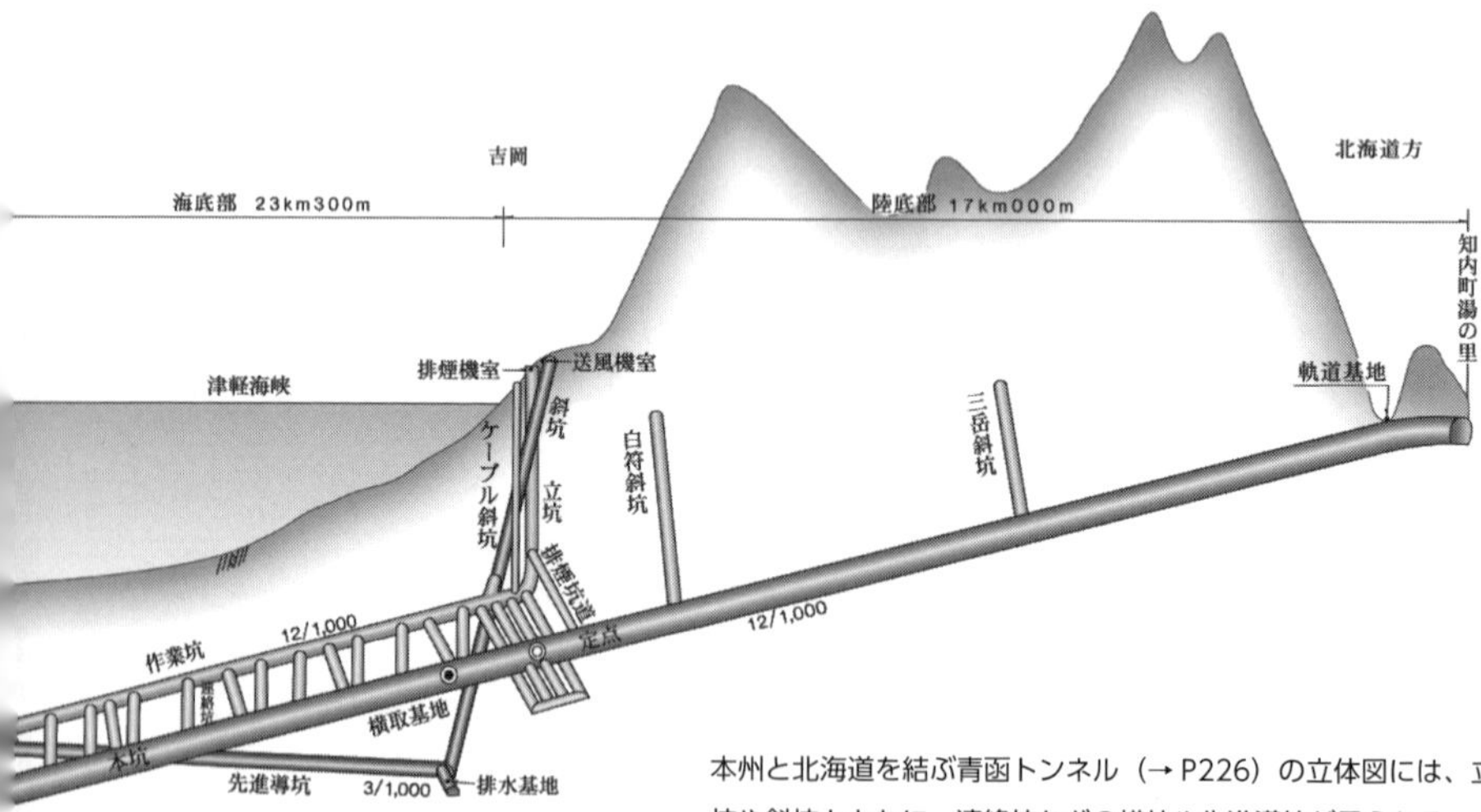

本州と北海道を結ぶ青函トンネル（→ P226）の立体図には、立坑や斜坑とともに、連絡坑などの横坑や先進導坑が見られる。

提供：独立行政法人 鉄道建設・運輸施設整備支援機構

ンネルを掘る。このトンネルは、「先進導坑」「試掘坑道」「サブトンネル」などとよばれる。とくに海底トンネルの工事では、海底から工事用のトンネルを掘ることができないので、このトンネルから分岐して斜坑を掘るなどして、中間工区へ到達することになる。トンネル開通後は、本坑の保守作業や非常時の排水設備として活用している。

ほかにも、とくに地下水の湧き出しが多いトンネル工事では、本坑の周囲に網の目を張るように、「水抜き坑」という小さなトンネルを設けることがある。水抜き坑は、本坑への地下水の流入を阻止するとともに、地下水を坑外に排出する役割を果たすが、その延長距離は、本坑の数倍に達することもある。

青函トンネル立体図

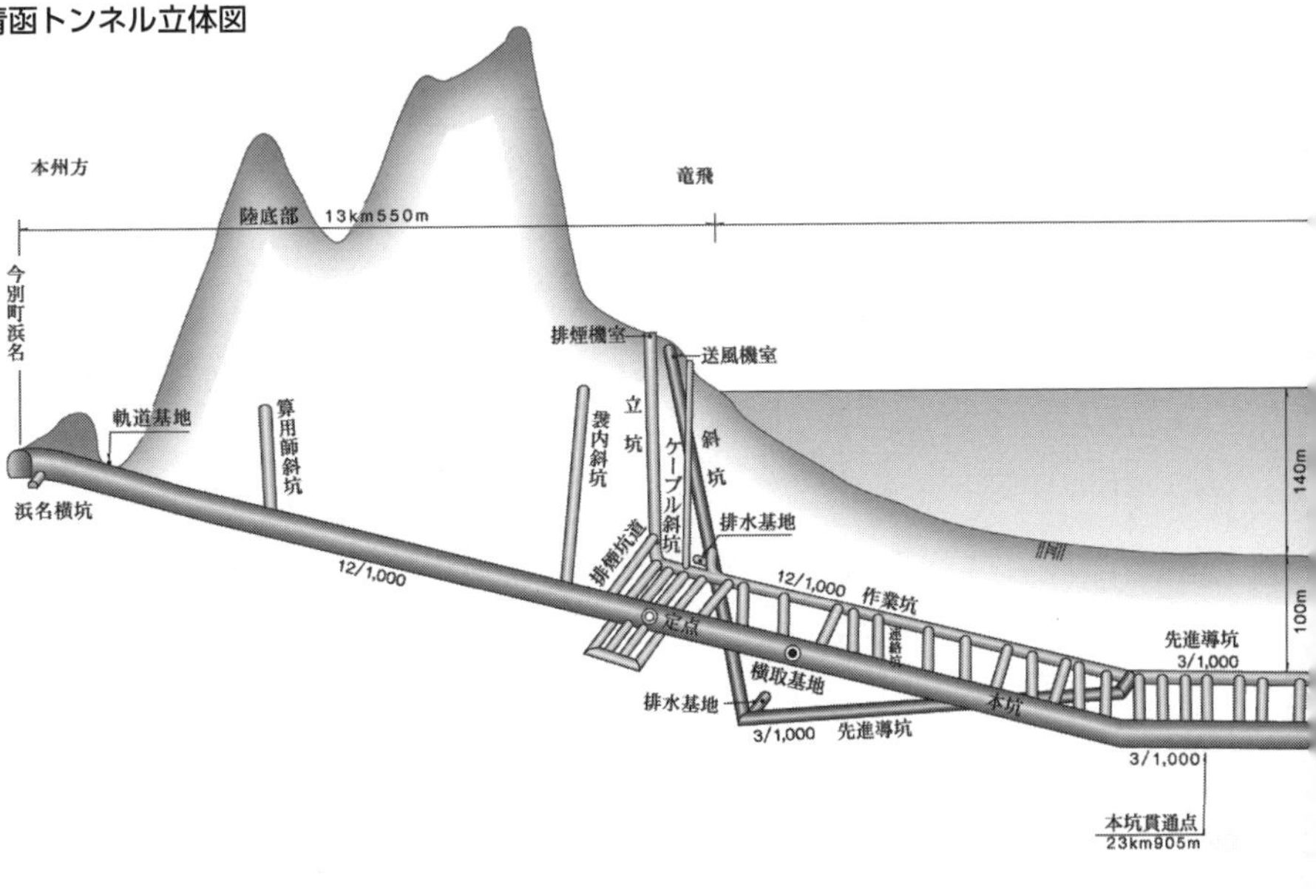

《支保に関する工法》

支保に関する工法には、「矢板工法」と「NATM《ナトム》」の2つがあります。

矢板工法とは、掘削した壁面に矢板*（木板の松矢板または鉄板の鋼矢板）をあてがい、支保工という木製または鋼製の支柱で支えてコンクリートで固める工法です。特殊な機材を必要としないことが利点です。

しかし、矢板や支柱に水や湿気に弱い木製や鉄製の素材を使っているため、経年劣化の問題が生じます。また、構造上、どうしても掘削壁面と矢板の間に隙間ができるので、そこに地下水が溜まると矢板が腐食し、それが原因でコンクリートがはがれ落ちる危険性があります。さらに、トンネルの完成後、設計限度を上回る壁面からの押し出し圧力や水圧がかかる可能性も否定できません。このため、１９７０年代以降は、もうひとつのNATMが主流となり、矢板工法は、「在来工法」とよばれるようになりました。

NATMは、「New Austrian Tunneling Method（新オーストリアトンネル工法）」の頭文字をとって名付けられました。文字どおり、１９６０年ごろにオーストリアで考案された理論と施工技術で、日本では、ナトム工法ともよばれます。掘削面をコンクリートで固め、その上から岩盤に2

矢板工法で支保が行なわれている、建設中のトンネルの内部。掘削した部分を、鉄矢木（仮設で使用する鋼製の簡易土留板）が支えている。

写真提供：日鐵住金建材株式会社

〜3メートルのロックボルトという特殊なボルトを打ち込み、再度コンクリートで固めることで、トンネル壁面と地山を一体化する工法です。

NATMは、岩盤が硬いヨーロッパで開発された工法で、日本では当初、膨張する堅固な地盤の場合に限って用いてきました。しかし、日本の多様な地質にも適応できるように改良され、今日、山岳工法の支保に関する工法では、主流となっています。

なお、NATMの理論を用いた工法は、トンネル以外の擁壁工事などにも導入されています。

＊矢板…土砂の崩壊や水の浸入を防ぐため、地盤に打ち込む板状の杭。

NATMによって建設された、東北新幹線の岩手一戸トンネルの内部。
写真提供：鹿島建設株式会社

崖崩れを防ぐために、NATMの理論を用いた工法で築かれた擁壁。

開削工法

最初に地面を掘り下げて溝をつくり、そこにトンネルを構築してから再び埋め戻す工法で、オープンカット工法ともよばれます。地表面に近いところを通る地下鉄や地下駅、地下街などの大規模施設をつくるときに用いられるほか、地下トンネルの地上との出入口付近の工事でも採用されています。1927（昭和2）年に、日本で初めて開業した地下鉄（現在の東京メトロ銀座線の上野〜浅草間／↓P300）は、開削工法で建設しましたが、土被り（地面からトンネルまでの深度）は、わずか1・5メートルしかありませんでした。

　開削工法で建設するトンネルは、土被りが浅いので、地圧の影響を考える必要がなく、鉄道や道路の場合、トンネルの断面形状は、建設コストや使い勝手の面で最も効率的な矩形（四角）となっています。

開削工法

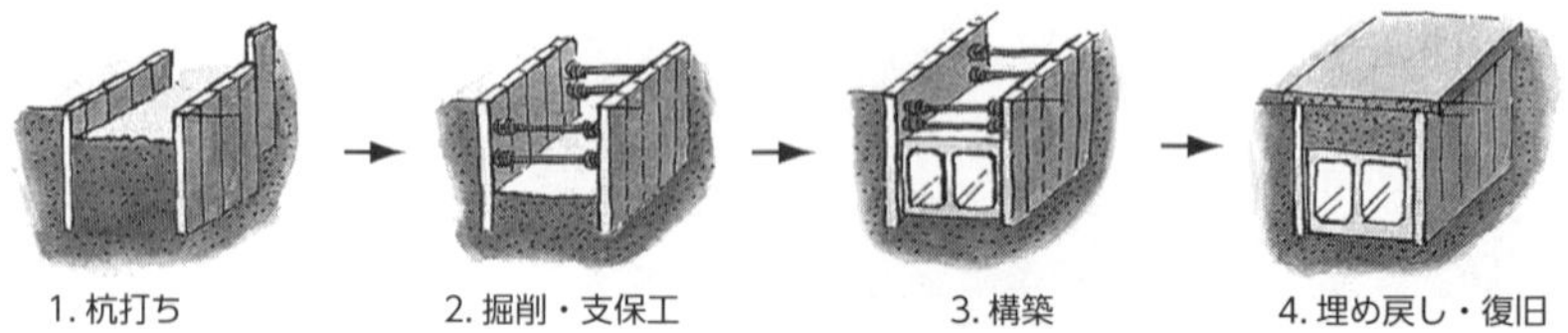

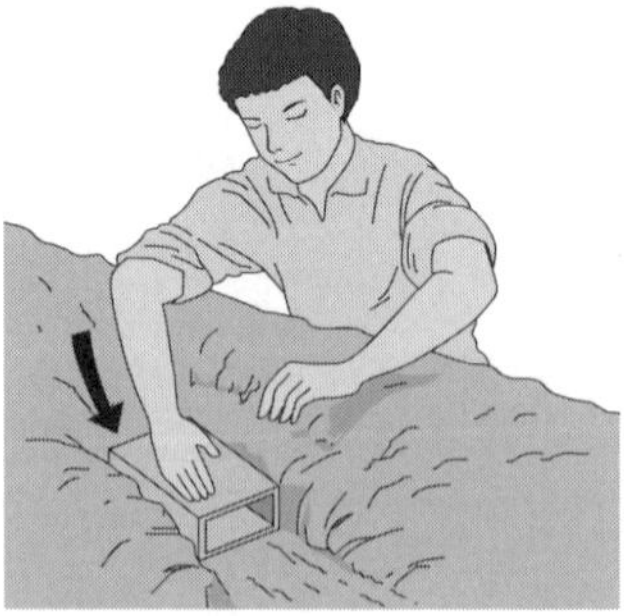

最初に地面を掘り返し、トンネルをつくってから埋め戻す。

提供：公益社団法人 土木学会

開削工法で建設中のトンネル。周囲の鉄骨が、穴のあいた地上を覆う鉄板を支えている。

写真提供：独立行政法人 鉄道建設・運輸施設整備支援機構

シールド工法

地中でシールドマシンを押し進めながら、前方で掘削と支保を行ない、後方でトンネルの壁面を組み立てていく工法です。シールドマシンは、シールドとよばれる筒状の外殻の中に、トンネルを掘るための回転するカッターヘッドがあります。また、セグメントとよばれるブロックを組み上げて装着する機械のほか、掘削した土砂を後方に搬出する装置や、前進するためのジャッキなどもあります。

カッターヘッドは、土砂を切削するための細かい刃とともに、岩盤や玉石を切削するために強靭な素材でできた刃を取り付けたローラーカッターを、円周状または放射状に配置しています。カッターヘッドの形により、トンネルの断面形状が決まります。以前は、1つのカッターで円形断面のトンネルを掘るのがシールドマシンの特徴といわ

シールド工法

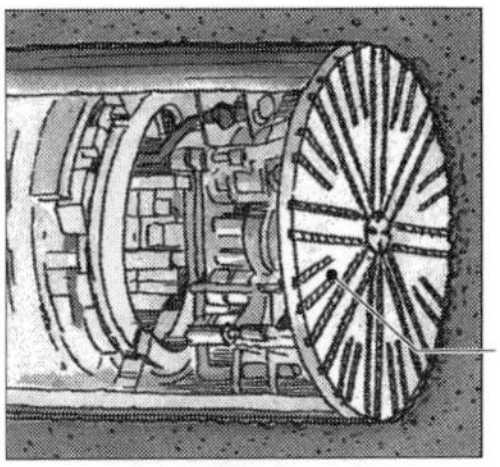

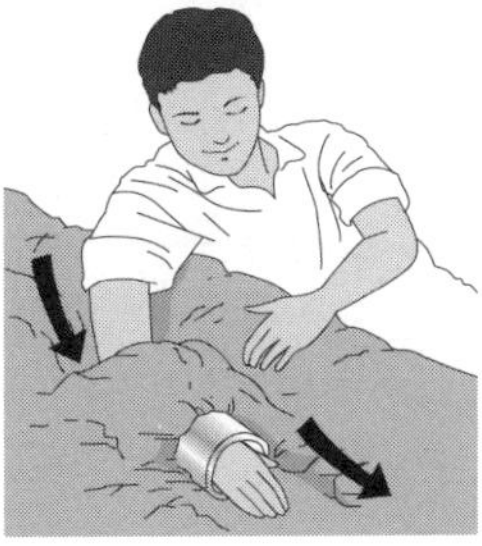

シールドという鉄でつくった筒でトンネルを掘削後、セグメントというパネルをはめこみ、トンネルをつくる。

提供：公益社団法人 土木学会

首都圏新都市鉄道（つくばエクスプレス）のトンネル建設で使われた、外径 10.2 メートルのシールドマシン。

写真提供：独立行政法人 鉄道建設・運輸施設整備支援機構

れましたが、最近では、複数のカッターを組み合わせることで、どんな形や大きさのトンネルにも対応できるようになっています。

セグメントは、あらかじめ工場で製作した幅1メートル程度の鉄筋コンクリート製または鋼製の円弧状のブロックです。5〜10個のセグメントでトンネル断面の1周分（1リング）を構成し、このリングを次々と結合させていくことで、トンネルをつくっていきます（一次覆工）。その後、断面をコンクリートで覆う二次覆工を行なうことになりますが、二次覆工を行なわないトンネルでは、完成後にも、セグメントを確認できます。

シールド工法は、頑丈なシールド（外殻）で全断面を保持しながら掘削を行なう

シールド工法で建設された地下鉄のトンネル。二次覆工を行なっていないので、セグメントの継ぎ目を確認できる（東京メトロ半蔵門線の錦糸町駅のホームから撮影）。

ため、地山の支持力が弱い軟弱地盤の工事に適していますが、大量の湧水が噴出するケースや膨張性地山＊での運用は困難とされています。また、シールド工法は、巨大なシールドマシンを発進場所に据え置くまでの経路が問題となります。そのため、部分的に地上を開削してクレーンで吊り下ろすことができる、都市トンネルや水底トンネルといった地下トンネルで多く用いられています。

シールド工法の歴史は古く、１８２５年、イギリスの首都ロンドンを流れるテムズ川を横断するトンネルの工事で、初めて採用されました。日本で本格的に用いられたのは、１９３６（昭和11）年に始まった関門トンネル（→P188）の工事でした。

なお、シールド工法は、工事上の事故を起こすリスクの少ない優れた工法ですが、シールドマシンがとても高価なため、採用を躊躇するケースもあるようです。最近では、シールド工法とＮＡＴＭの長所を組み合わせた「ＳＥＮＳ《センス》工法」とよばれる新工法も誕生しています。

＊膨張性地山…山岳トンネルの掘削にあたって、強大な地圧が作用し、トンネルの内側に膨張してくる地山のこと。

沈埋工法

あらかじめ地下または水底に溝を掘り、そこに沈埋函（コンクリート製または鋼製の構造物）を埋設してからつなぎ合わせ、上から土を被せてトンネルを完成させる工法です。かつては、陸上のトンネル工事でも用いていた工法ですが、いまでは、おもに水底トンネルの工事に用いています。

沈埋工法は、海底または川底から浅い位置にトンネルを設けることができるため、水底区間に至るまでの取り付け区間の距離を短縮でき、勾配を緩和できるというメリットがあります。
日本には、沈埋工法で建設した道路トンネルは数多くありますが、鉄道トンネルは、あまり例がありません。

沈埋工法

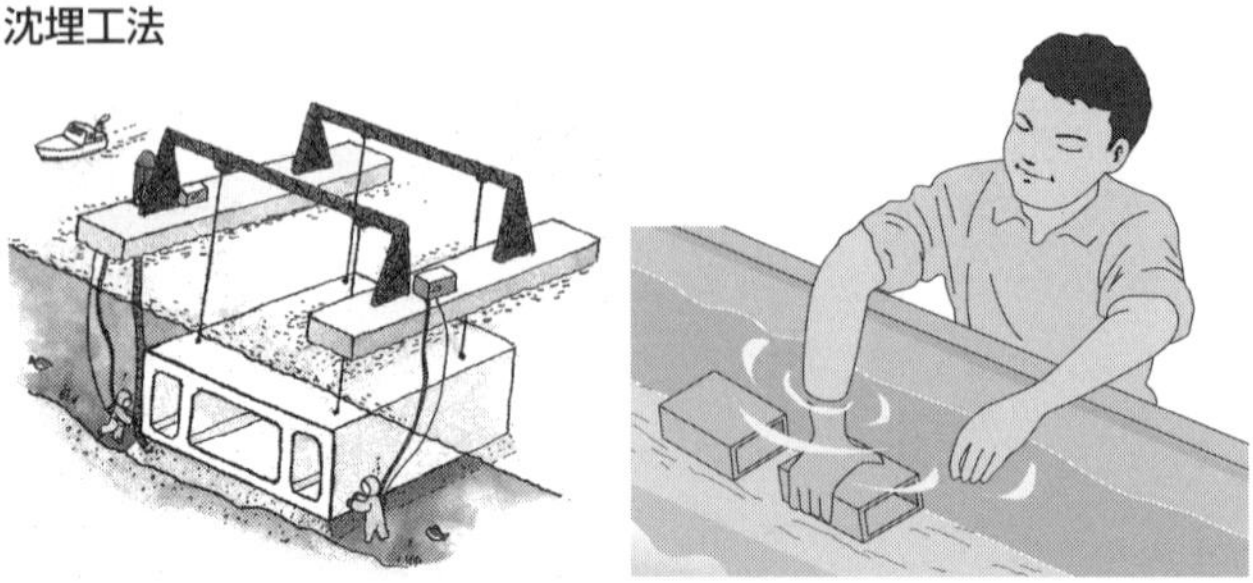

鉄やコンクリートでつくったトンネルを船で運び、海や川の底に沈めてつなぎ合わせていく。　提供：公益社団法人 土木学会

福岡県の新若戸道路の沈埋トンネルに使用された沈埋函。工場で製造した枠組みをドックで組み立て（左上）、でき上がった鋼殻をフローティングドックに積み込み（右上）、建設現場に輸送する。現場では、海に浮かべた鋼殻にコンクリートを流し込み（下）、完成した沈埋函を海底に沈め、設置する。　写真提供：五洋建設株式会社

4 明治時代を代表するトンネル

柳ヶ瀬トンネル・碓《うす》氷《い》峠《とうげ》・板谷峠・冠《かむり》着《き》トンネル・笹子トンネル

この章では、明治時代を代表する5つのトンネル（線区）について、鉄道路線が建設されるまでの経緯、開通してから今日に至るまでの歴史、トンネルがきっかけとなって導入された鉄道技術など、トンネルから波及したさまざまな話題を取り上げます。

柳ヶ瀬トンネル

初めて中央分水界を越えた鉄道のトンネル

柳ヶ瀬トンネルは、京都と敦賀を結ぶ鉄道の建設に伴い、滋賀県と福井県の県境の柳ヶ瀬峠に建設したトンネルです。水の流れを太平洋側と日本海側に分ける分水嶺（中央分水界／↓P18）を越える最初のトンネルとして、1884（明治17）年に完成しました。敦賀は、日本海沿岸や大陸交通の要地として古くから栄えた港湾都市で、琵琶湖の水運を介して、京都との間で、人や物の行き来が盛んでした。

柳ヶ瀬トンネルの福井県側の坑口。現在は県道のトンネルとなっているが、煉瓦造りの馬蹄形アーチの姿は、完成当時と変わらない。

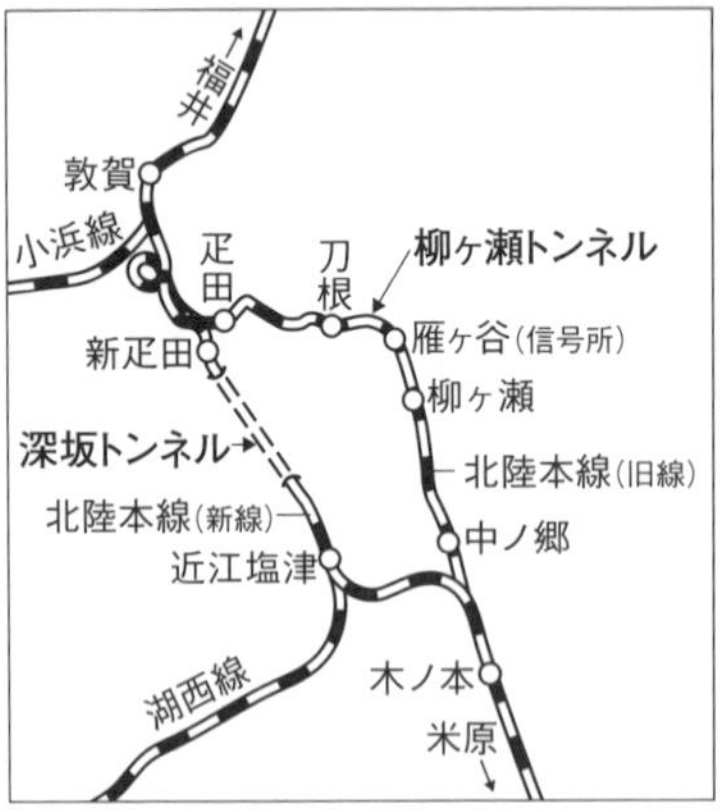

柳ヶ瀬トンネル

開通年：1884（明治 17）年
長さ：1352 メートル
区間：柳ヶ瀬（雁ヶ谷信号所）
　～刀根間（旧北陸本線）

●完成までの経緯

京都～敦賀間の鉄道建設計画

明治維新の翌年の1869（明治2）年、わが国初の鉄道計画として、東京～京都間の幹線（中山道を経由するルート）とともに、東京～横浜間、京都～神戸間、琵琶湖畔～敦賀間の3支線の建設が決定しました。また、翌1870（明治3）年、いち早く鉄道の利便性に着目した京都府は、政府に対し、「越前方面ヨリ京都ヲ経テ鉄道ヲ敷設シ北海ノ物産ヲ南海ニ輸送スル」ことを提言しました。

これを受けた政府は、東京遷都による京都の衰退を懸念していたこともあり、翌1871（明治4）年、京都～敦賀間の測量を工部省（明治初期の中央官庁のひとつ）に命じています。なお、このとき工部省は、敦賀と京都の間の交易に古くから琵琶湖の水運が活用されていたこともあり、それを介在させるのかどうかを政府に確認していますが、「鉄道敷設ヲ前提トスル」という回答でした。

測量調査は、新橋～横浜間の鉄道建設を指揮したイギリス人技師モレルの後任として、同じくイギリスから来日したボイルに依頼しました。ボイルは、1876（明治9）年、「西京敦賀間竝中山道及尾張線ノ明細測量ニ基キタル上告書」を提出します。この中でボイルは、西京（京都）～敦賀間については、京都から琵琶湖の東を通って米原《まいばら》・塩津経由で敦賀に至るルートを提唱していました。しかし、米原～敦賀間の中央分水界を越えるルートをめぐり、さまざまな思惑が交錯することになります（↓P52）。

京都～大津間の鉄道建設と逢坂山《おうさかやま》トンネル

１８７７（明治10）年、工部省に鉄道局が設置されると、のちに「日本の鉄道の父」と称される井上勝が、初代局長に就任しました。井上は、長州藩の出身で、東京と京都を結ぶ東西幹線鉄道の一刻も早い建設が必要と考えていた人物です。

当時の政府は、その年に勃発した西南戦争の影響で、鉄道の建設どころではありませんでしたが、井上が鉄道推進派の伊藤博文（当時は宮内卿）に働きかけた結果、翌１８７８（明治11）年には、京都～大津間の工事を開始することになりました。工事区間を大津までとしたのは、当面は、大津と長浜の間に琵琶湖の連絡船を介在させざるを得ないと、井上が判断したからです。

京都と大津の間には、山科盆地をはさんで、清水山から東山に連なる山脈と大文字山から音羽山にかけて連なる山脈があり、初めて鉄道が山を越える試練に遭遇することになりました。しかし、トンネル建設技術が乏しかったため、東山をトンネルで貫通する最短ルートは断念せざるを得ませんでした。そこで、京都からいったん南下し、そこから北東へ向かって大谷（現在の大津市大谷町）を経由する迂回ルートを採用しました。

それでも、大谷から先は、大文字山から音羽山にかけて連なる山々を越えることになるので、どうしてもトンネルを設けなければなりませんでした。そのため、日本で最初の山岳トンネルとなる逢坂山トンネル（６６５メートル）をここに建設し、１８８０（明治13）年、京都～大津間が開通しました。

逢坂山トンネルの東口（上）とその内部（左）。1921（大正 10）年に、大津～京都間が現在のルート（新逢坂山トンネルと東山トンネル）に切り替えられたために廃止となったが、東口（大津側の坑口）は、鉄道記念物として保存されている。

逢坂山トンネルの竣工を記念して、太政大臣の三条実美《さんじょうさねとみ》の筆により、「楽成頼功」と記された扁額。「落成」は「落盤」に通じるとされ、縁起の良い「楽成」の字があてられた。

紆余曲折した中央分水界の通過ルート

１８７６（明治９）年のボイルによる「西京敦賀間竝中山道及尾張線ノ明細測量ニ基キタル上告書」では、西京（京都）〜敦賀間を４区間に分け、湖東（琵琶湖の東岸）から敦賀にかけては、「米原ヨリ塩津ニ至ル」区間と「塩津ヨリ敦賀ニ至ル」区間とに区分しています。塩津で区分されているのは、ボイルが琵琶湖をはさんで西岸ルートと東岸ルートの比較調査を行なっていて、塩津が、西岸ルートと東岸ルートの合流点（分岐点）だったからです。

しかし、どうしても長浜を経由させたい井上勝の思惑により、「大概寒村貧村ニシテ通商興産ノ目的少ナク」との理由で、西岸ルートは早々に却下されました。

一方、塩津から敦賀にかけての中央分水界を通過するルートについては、ボイルは、できるだけトンネルに頼らず、塩津街道に沿って、３３・３パーミル*の勾配で山背をたどるルート（塩津ルート）を提言しました。

ところが、京都〜大津間の建設認可がすぐに下りたのに対して、米原〜塩津〜敦賀間の認可は一向に下りませんでした。政府は、認可を下ろさない理由として、３３・３パーミルの勾配に対する運行上の危惧のほか、三方を山地に囲まれた小さな平地にすぎない塩津を通る「人跡殆ンド絶エタル古街道ニ傍ウ」というルートでは、鉄道を敷設しても沿線の発展が望めないことを指摘しています。

１８７９（明治12）年、政府は鉄道局に対して、再調査を命じます。それを受け、鉄道局は、翌

1880（明治13）年早々に長浜から柳ヶ瀬峠を経由とすることを諮問していますが、井上は、上申書の中で次の2点の変更理由を述べています。

・琵琶湖水運との接続地は「湖岸屈指ノ市街ニシテ四方ノ貿易素ヨリ多イ」長浜を選ぶのが得策である。

・高月から北国街道沿いに北上すれば、木之本をはじめ中之郷、柳ヶ瀬、雁ヶ谷などの沿線村落の需要が見込める。

これにより、政府と鉄道局の思惑は一致し、塩津はルートから外れることになりますが、背後には、長浜で琵琶湖水運を取り仕切っていた近江商人の陰が見え隠れします。

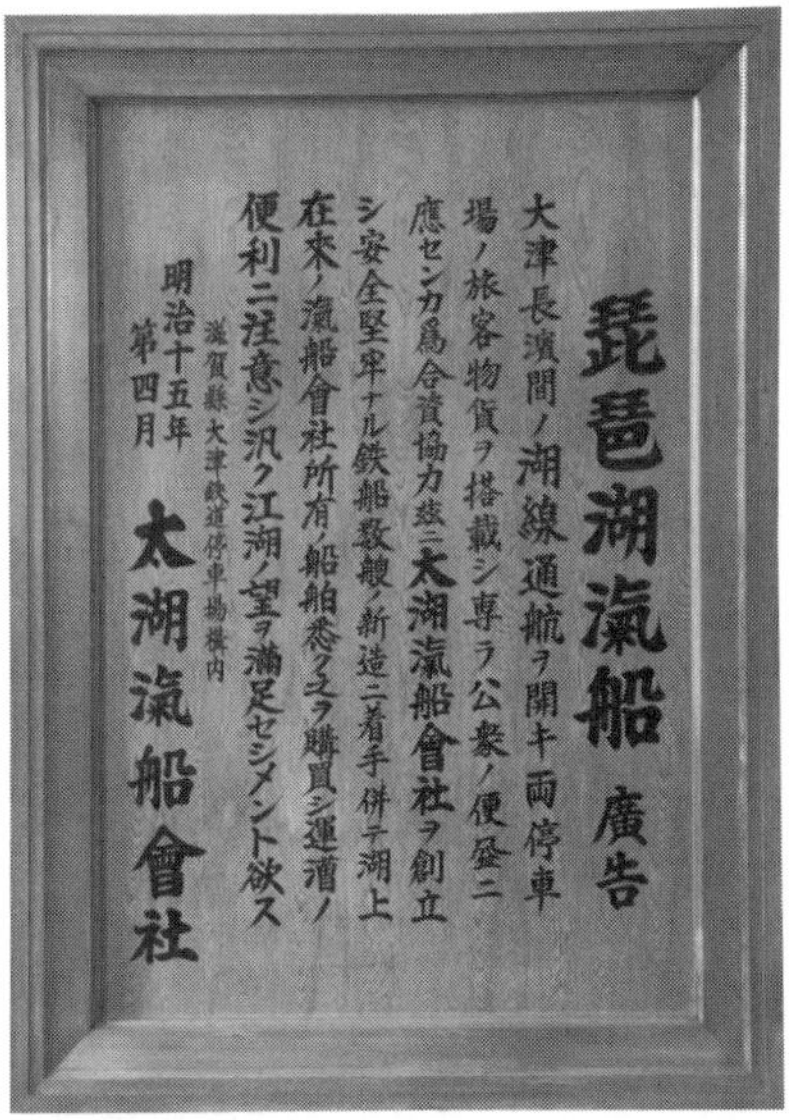

長浜が琵琶湖水運との接続地となったため、旧長浜駅舎の内部に掲げられていた琵琶湖汽船の広告（複製）。

鉄道局の諮問を受けると、すぐに政府は長浜～敦賀間の認可を下ろしますが、米原～長浜間の認可は保留されました。これは、名古屋方面と結ぶことを目的とした関ヶ原～長浜間の鉄道建設を優先させるためで、琵琶湖水運を介在させてでも東西幹線鉄道を一刻も早く開通させたいという、井上の考えによるものでした。

こうして、日本で最初の中央分水界を通過する鉄道は、柳ヶ瀬峠を越えるルートで建設されることになりました。

＊33・3パーミル…水平距離1000メートルに対する高度差が33・3メートルの勾配であることを示す。1パーミルは1000分の1なので、10,000分の33・3は30分の1。

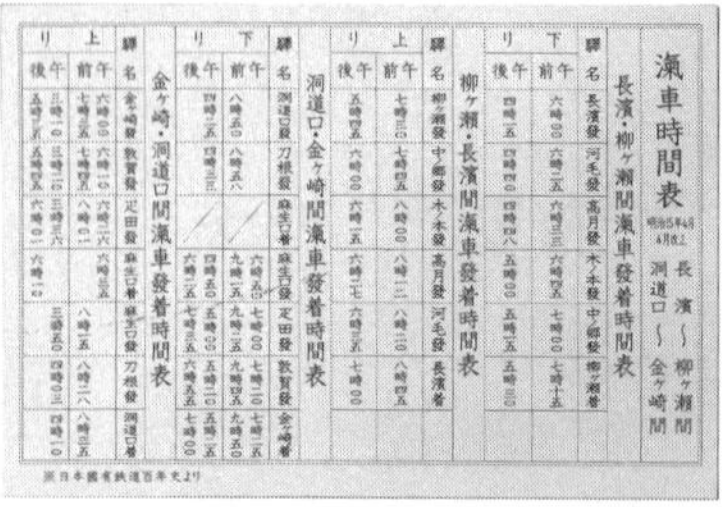

滊車時間表

明治15年4月 改正

長濱～柳ヶ瀬間　洞道口～金ヶ崎間

長濱・柳ヶ瀬間滊車發着時間表

驛名	下り 午前	下り 午後
長濱發	六時〇〇	四時一五
河毛發	六時二五	四時四〇
高月發	六時三三	四時四八
木ノ本發	六時四五	五時〇〇
中ノ郷發	七時〇〇	五時一五
柳ヶ瀬着	七時十五	五時三〇

柳ヶ瀬・長濱間滊車發着時間表

驛名	上り 午前	上り 午後
柳ヶ瀬發	七時三〇	五時四五
中ノ郷發	七時四五	六時〇〇
木ノ本發	八時〇〇	六時一五
高月發	八時一二	六時二七
河毛發	八時二〇	六時三五
長濱着	八時四五	七時〇〇

洞道口・金ヶ崎間滊車發着時間表

驛名	下り 午前	下り 午後
洞道口發	八時五〇	四時二五
刀根發	八時五八	四時三三
麻生口着	／	／
麻生口發	六時五〇　九時二五	四時五〇　六時二五
疋田發	七時〇〇　九時三五	五時〇〇　七時三五
敦賀發	七時二〇　九時四五	五時二〇　六時五五
金ヶ崎着	七時二五　九時五〇	五時二五　七時〇〇

金ヶ崎・洞道口間滊車發着時間表

驛名	上り 午前	上り 午後
金ヶ崎發	六時〇〇　七時三五	三時一〇　五時三五
敦賀發	六時一〇　七時四五	三時二〇　五時四五
疋田發	六時二六　八時〇一	三時三六　六時〇一
麻生口着	六時三五	六時一〇
麻生口發	八時一五	三時五〇
刀根發	八時二八	四時〇三
洞道口着	八時三五	四時一〇

※日本國有鐵道百年史より

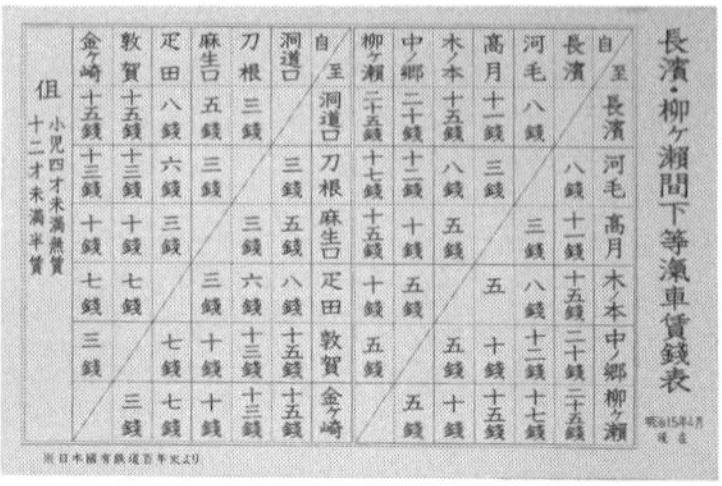

長濱・柳ヶ瀬間下等滊車賃銭表

明治15年4月 改正

自＼至	長濱	河毛	高月	木ノ本	中ノ郷	柳ヶ瀬
長濱		八銭	十一銭	十五銭	二十銭	二十五銭
河毛	八銭		三銭	八銭	十二銭	十七銭
高月	十一銭	三銭		五	十銭	十五銭
木ノ本	十五銭	八銭	五銭		五銭	十銭
中ノ郷	二十銭	十二銭	十銭	五銭		五銭
柳ヶ瀬	二十五銭	十七銭	十五銭	十銭	五銭	

自＼至	洞道口	刀根	麻生口	疋田	敦賀	金ヶ崎
洞道口		三銭	五銭	八銭	十五銭	十五銭
刀根	三銭		三銭	六銭	十三銭	十三銭
麻生口	五銭	三銭		三銭	十銭	十銭
疋田	八銭	六銭	三銭		七銭	七銭
敦賀	十五銭	十三銭	十銭	七銭		三銭
金ヶ崎	十五銭	十三銭	十銭	七銭	三銭	

但　小児四才未満無賃　十二才未満半賃

※日本國有鐵道百年史より

旧長浜駅舎の内部に復元された、開業当時の時刻表と運賃表。

旧長浜駅舎。1882（明治15）年の長浜～柳ヶ瀬間の開業時に建てられた、現存する日本最古の駅舎で、長浜鉄道スクエア（博物館）の一部として、内部が公開されている。

トンネル工事の遅れによる部分開業

１８８０（明治13）年、長浜～敦賀間の工事が始まり、敦賀港の埠頭に接する場所に金ヶ崎停車場（現在のＪＲ貨物の敦賀港駅）を設けました。翌１８８１（明治14）年には、敦賀港で陸揚げした工事材料を運搬するための軌道が、疋田《ひきた》まで開通しています。

疋田と滋賀県側の中ノ郷との中間には柳ヶ瀬峠があり、それを越えるためには、両側から25パーミル（40分の１）の勾配で上る必要がありました。しかし、疋田側は、中ノ郷側より標高が低く、地形も狭隘です。そこで、短い距離で高度を上げるために長いトンネルを建設することになり、柳ヶ瀬峠には、日本で初めての１０００メートルを越えるトンネルを建設することになりました。

敦賀港～敦賀間の 2.7 キロメートルを結んでいた、北陸本線の支線（敦賀港線）の跡。敦賀港で陸揚げされた物資を輸送していたが、2009（平成 17）年４月以降、貨物列車の運行は休止されている。

１８８０（明治13）年、柳ヶ瀬トンネルの工事は、敦賀港から資材を搬送する関係で、西側の坑口（敦賀側）から始まりました。ところが、山岳トンネルを掘った実績が逢坂山トンネル（６６５メートル／→Ｐ50）しかなく、生野銀山や石見銀山からベテランの坑夫を動員しても、原始的な手掘り作業では、１日数メートル掘るのが精一杯でした。そこで、日本で初めて、ダイナマイトや削岩機による掘削を試みましたが、工事は遅れ気味でした。

1882（明治15）年になると、柳ヶ瀬トンネルを除く工事は順調に進み、3月には、金ヶ崎～洞口西口（柳ヶ瀬トンネルの西口に暫定的に設けられた駅）間および長浜～柳ヶ瀬間が開業しています。これにあわせて、大津と長浜を3時間半で結ぶ日本で最初の鉄道連絡船が就航し、1889（明治22）年に東西幹線鉄道の関ヶ原～馬場（現在の膳所《ぜぜ》）間が開通するまでの7年間、運航を続けます。

また、金ヶ崎～洞口西口間の開業では、疋田～洞口西口間に、曽々木《そそぎ》、刀根《とね》、小刀根《ことね》という3つのトンネルを設けました。

完成した柳ヶ瀬トンネル

柳ヶ瀬トンネルの工事が遅れていた原因は、掘削技術の問題だけではなく、敦賀港から資材を搬送する関係で、西側の坑口（敦賀側）から

全長56メートルの小刀根トンネル。1964（昭和39）年の鉄道の廃止に伴い、道路となったが、現存する日本最古の鉄道トンネルとして知られ、アーチ環の要石には、完成年を示す「明治十四年」の文字が見られる。

しか掘削作業をしていないことにもありました。それは、鉄道局長の井上勝が、大垣～長浜間の建設予算を捻出するため、トンネル工事費の支出を制限したからです。

井上は、東京と京都を結ぶ東西幹線鉄道の一刻も早い建設が必要と考えていた人物で、京都～大津間に続き、長浜から名古屋方面への鉄道建設を政府に認めてもらうためには、何か理由が必要と考えていました。そこで井上は、柳ヶ瀬トンネルの工事を東側からも行なうため、伊勢湾から揖斐川水運で大垣に運搬した工事用資機材を柳ヶ瀬まで輸送することを目的に、大垣～長浜間の鉄道建設を申請したのです。そのときの申請理由には、「大垣から長浜までの鉄道を建設すれば、大垣から琵琶湖連絡船を介して西京（京都）まで鉄道がつながり、一石二鳥の効果が見込める」という趣旨の文言が付け加えられていました。このことからも、東西幹線鉄道への井上の強い思いがうかがえます。

こうして１８８３（明治16）年4月に、関ヶ原から柳ヶ瀬までの線路がつながると、東口からの掘削工事が始まり、半年後にはトンネルが貫通しました。しかし、東口から掘った距離は、わずか２７０メートルでした。

１８８４（明治17）年4月16日、柳ヶ瀬～洞口西口間が開通し、この日が、柳ヶ瀬トンネルの完成日になりました。１３５２メートルのトンネルの長さは、それまで日本で最長だった栗子隧道（山形県令の三島通庸《みちつね》がつくった道路トンネル／↓P102）の８６４メートルを遥かに凌ぎ、１８９９（明治32）年に第二板谷峠トンネル（１６２９メートル／↓P104）ができるまで、日本最長のトンネルの地位を15年間保持しました。

この柳ヶ瀬トンネルの入口（東口）には、伊藤博文が揮毫《きごう》した「萬世永頼（万世永く頼む）」の文字が扁額として掲げられ、出口（西口）には、井上勝による工事経過と鉄道の功得を説いた碑文が掲げられました。

伊藤は、初代の内閣総理大臣として知られていますが、熱烈な鉄道推進者で、鉄道の普及に大きく貢献しました。井上は、伊藤のもとで鉄道実務に携わり、1871（明治4）年からは工部省鉄道頭を務め、その後、鉄道局長や鉄道庁長官を歴任し、退官後、日本初の車両製造会社「汽車製造合資会社」を設立しました。

この2人による扁額が掲げられたことからも、柳ヶ瀬トンネルの歴史的価値が十分に理解できます。

鉄道のトンネルとし使用されていた時代の柳ヶ瀬トンネル。写真は、福井県側の坑口。
写真提供：京都鉄道博物館

伊藤博文が揮毫した「萬世永頼」の扁額。現在は、柳ヶ瀬トンネルから移され、長浜鉄道スクエアに展示されている。

●完成から今日まで

柳ヶ瀬トンネルを通過した鉄道の変化

1889（明治22）年になると、米原～長浜間が開業し、米原～敦賀間は、東西幹線鉄道（現在の東海道本線）の支線扱いとなりました。1892（明治25）年に公布された「鉄道敷設法」では、「早急に建設すべき」とする第一期予定線路として、富山南線（敦賀～富山間）と富山北線（富山～直江津間）が指定されました。そして、1899（明治32）年に富山南線が開通すると、米原～敦賀間は、京都と北陸を連絡する鉄道としての色彩が濃くなり、1902（明治35）年には富山線に編入され、1909（明治42）年の線路名称の制定により、北陸本線となりました。

その後、1913（大正2）年の富山北線の直江津《なおえつ》までの全通、北越鉄道（私鉄）によって1898（明治31）年には全線開業していた直江津～新津間の国有化（1907年）、さらに、1924（大正13）年の羽越本線（新津～秋田間）の開業により、1902（明治35）年には全通していた秋田～青森間（現在の奥羽本線）ともつながり、米原から青森までの日本海縦貫線を形成することになりました。

その結果、北陸本線の輸送需要は飛躍的に増大し、より強力な蒸気機関車が登場することになります。富山北線が開業した1913（大正2）年には、大正時代の国鉄標準形式として770両も製造された9600形蒸気機関車（以下、9600形とする）が登場します。また、日本海縦貫線が全通する前年の1923（大正12）年には、9600形の870馬力を大きく上回る1280馬力のＤ50形蒸気機関車（以下、Ｄ50とする）が登場しています。

魔のトンネル

明治時代の長浜～敦賀間は、勾配線専用の１８００形や小型ながら強力なＢ６形（どちらもイギリス製）など、当時としては最強の蒸気機関車が、軽量の木製客貨車10両ほどを牽引していました。大正時代に入り、北陸本線が直江津まで延びると、輸送需要が日増しに高まり、９６００形やＤ50を投入しました。

柳ヶ瀬トンネルを通過する列車の牽引定数*を比較すると、Ｂ６形の13両に対し、９６００形は25両、Ｄ50は32両と、大幅にアップしました。それでも、輸送力が不足したため、補助機関車として、列車の最後部にも蒸気機関車を連結しました。

こうなると、入口（東口）に向かって25パーミルもの勾配が続き、断面の小さい柳ヶ瀬トンネルでは、２台の大型蒸気機関車が排出する大量の煤煙や水蒸気が逃げ場を失い、容赦なく機関車の運転室や客室内に入り込みました。さらに、漏水や湿気によって線路が濡れているトンネル内では、車輪が空回りする「空転」が起きやすく、いったん25パーミルの勾配線上で空転が起きると、最悪の場合は列車が停止してしまい、そうなると、再起動することは困難でした。

こうした状況のなか、１９２８（昭和３）年12月６日、柳ヶ瀬トンネル内で乗務員12名が窒息し、うち３名が死亡するという重大事故が発生しました。Ｄ50を前後に付けた45両編成の上り貨物列車は、疋田を出て25パーミルの上り勾配区間にさしかかると、未明に止んだ雪がレール上で凍結していたために空転を繰り返します。そして、速度が時速10キロメートル以下に低下したまま柳ヶ瀬トンネルに突入すると、ついにトンネル内で立ち往生してしまいました。その結果、前方の本務機関車の乗務員全員が窒息し、昏倒してしまいました。異変に気づいた後方の補助機関車の乗務員と車掌は、トンネル内を歩いて救助に向かいましたが、彼らも途中で昏倒してしまいました。

その後、意識を取り戻した本務機関車の乗務員がトンネルからはい出てきたのを、雁ヶ谷信号所で交換待ち（列車の行き違い待ち）をしていた下り列車の乗務員が発見し、機関車で救援に向かいました。しかし、急勾配線上に立ち往生している上り列車を引き上げることはできず、トンネルから押し出して刀根まで戻したものの、救援した下り列車の乗務員も窒息してしまいました。

この事故を契機に、国鉄（官営鉄道）は、柳ヶ瀬トンネルを廃止して新線を建設する方針を決定しますが、当面の対策として、1933（昭和8）年に送風設備を設置しました。山では、風が下から上に吹き上がるため、トンネル内で勾配を上っている列車で

かつての雁ヶ谷信号所。柳ヶ瀬線の誕生（→P70）で、駅に昇格した。　写真提供：長浜市

柳ヶ瀬トンネルを抜ける蒸気機関車。トンネル上の建物内には、送風装置があった。

写真提供：長浜市

は、背後から吹き抜ける風により、蒸気機関車から排出された煙が後方に流れず、車両にまとわりついてしまいます。送風設備は、入口（東口）にあたる坑口に強力な送風機を設置し、風速25メートルほどの風を進行してくる列車に向かって吹き付け、煤煙を列車の後方へと排除する仕組みです。

それでも、当時の乗務員は、柳ヶ瀬トンネルでは、運転室内に入り込む排気熱や飛散する火の子による灼熱地獄と、充満する煙による呼吸困難から、たびたび死の恐怖を感じたと話しています。

このように、日本全国に「魔のトンネル」として悪名を馳せた柳ヶ瀬トンネルですが、道路となった今日でも、

柳ヶ瀬トンネルの入口（滋賀県側）に見られる、コンクリート製の構造物。煤煙対策のための送風装置は、この上に設置されていた。

トンネル内はかなり狭く感じられ、カーブしているために出口が見えないことも相まって、何とも言えない圧迫感を覚えます。

＊牽引定数…機関車などの動力車が、駅間の走行時間に応じて、牽引できる重量の限度を示す数。

D51とDD50の時代

戦後の柳ヶ瀬トンネルを通る区間では、デゴイチの名で知られるD51形蒸気機関車（以下、D51とする）が列車を牽引していました。1951（昭和26）年になると、このD51に、重油併燃装置を装備しました。

重油併燃とは、蒸気機関車の燃料に、石炭に加えて重油を併用することです。歴史は古く、1898（明治31）年に、急勾配線区のトンネル対策として、信越本線の碓氷峠で試験的に行なわれ（→P86）、のちに奥羽本線の板谷峠（→P100）でも行なわれました。しかし、当時は重油の価格が高かったため、石炭の節約、煤煙の減少、煙に悩む乗務員の労働負担軽減など、多くの利点が確認できたものの、採用には至りませんでした。

集煙装置とともに、重油併燃装置を備えたD51。ボイラーの上部後方には、重油タンクがある。

今回は、戦後の極端な石炭不足という事情もありましたが、北陸本線で使用した結果、使用する石炭の節減とともに、乗務員の労働環境の改善が顕著でした。そこで、国鉄本社の主導で、全国各地の蒸気機関車にも、重油併燃装置を装備しました。

1952（昭和27）年になると、敦賀機関区の職員が、職場環境改善の提案として、試作した集煙装置をD51に試験装着します。すると、絶大な効果が認められ、本採用となりました。集煙装置は、蒸気機関車の煙突にかぶせる箱形のカバーです。トンネル内では、運転室からの操作によって煙突上部の穴を閉めることで、カバー後方の開いている部分から、煙を強制的に列車の後方へ誘導する仕組みになっています。

この集煙装置は、「敦賀式集煙装置」とよばれ、全国の機関区から注目されました。そして、現場レベルで普及していった結果、この敦賀式をヒントに、各工場が独自に設計を行なうようになり、「鷹取工場式」「長野工場式」「郡山工場式」など、さまざまなスタイルのものが登場しました。

1953（昭和28）年になると、最初の国産ディーゼル機関車として、DD50形ディーゼル機関

JR東日本の観光列車として運転されている、D51の498号機の煙突部分に取り付けられた集煙装置。

車（以下、ＤＤ50とする）を製造し、敦賀機関区に6両配置しました。それまで、日本のディーゼル機関車は、戦前にサンプルとして輸入したものを除くと、戦後にＧＨＱが持ち込んだものを国鉄が買い取り、貨車の入れ換えなどに使用していた程度です。それがいきなり国産の本線用ディーゼル機関車を製造し、柳ヶ瀬トンネルに投入できたのは、三菱重工業がＤＤ50を独自に開発し、国鉄に売り込んだからです。敦賀機関区への配置も、試験使用を兼ねていたのです。

北陸本線では、高度経済成長に伴う輸送需要の増大に対応するため、このＤＤ50を補助機関車として活用することになりました。そして、従来のＤ51（本務機関車）＋貨車＋Ｄ51（補助機関車）の先頭に2台のＤＤ50を連結し、合計4台の機関車で、貨物列車を運行することにしたのです。ところが、これを契機に、これまで700トンだった貨物列車の重量を1000トンにしたので、蒸気機関車が排出する煙の量は減ることはなく、柳ヶ瀬トンネルの窮状は、まったく改善されませんでした。

深坂トンネルと電化による新線への切り替え

国鉄（官営鉄道）は、1909（明治42）年に起きた板谷峠の脱線転覆事故（→P109）をとおして、勾配線区のトンネルが大事故につながる危険性をすでに認識していました。そこで1919（大正8）年には、優先的に電化すべき線区の調査を実施しています。

それに基づき、1931（昭和6）年に電化されたのが、中央本線の浅川（現在の高尾）〜甲府間です（↓P146）。また、その間に建設工事を行なっていた清水トンネル（9702メートル／↓P156）と丹那トンネル（7804メートル／↓P172）は、電化で開業しています。さらに、1937（昭和12）年に全通した仙山線（仙台～羽前千歳間）では、仙山トンネル（5361メートル／↓P23）のある作並～山寺間だけを電化開業しています。

このように、昭和初期には、「長いトンネルは電化する」あるいは「電化すれば長いトンネルを設けることができる」という考え方が確立されていたので、1928（昭和3）年の柳ヶ瀬トンネルでの窒息事故を受け、国鉄が新線への切り替えを決断したときは、長大トンネルの建設には電化が前提になっていました。そのため、かつ

深坂トンネル（写真左）と新深坂トンネル（写真右）の坑口（新疋田側）。1966（昭和41）年、複線化のために並行して建設していた新深坂トンネルが開通し、深坂トンネルは上り線のトンネルとなった。

てボイルが33パーミルの勾配で越えようとして井上勝に却下された深坂峠（塩津ルート／↓P52）を、新線の建設に伴い、長大なトンネルで貫通することが可能になりました。

ところが、折からの昭和恐慌により、新線の建設は遅れ、1938（昭和13）年にトンネル工事が始まったものの、第二次世界大戦の勃発と戦況の悪化に伴い、不急工事に指定されてしまい、建設は中断します。終戦を迎え、1946（昭和21）年には工事は再開しましたが、戦後の不況もあって再度中断し、ようやく1953（昭和28）年になって、深坂トンネル（5170メートル）が完成しました（使用開始は1957（昭和32）年／↓p68）。

新線は、木ノ本を出ると、中ノ郷の手前を大きく左へ折れ、余呉と近江塩津を経由して深坂トンネルを通り、疋田の先（鳩原信号所）で旧線と合流するルートです。木ノ本～敦賀間の路線距離は2・6キロメートル短縮され、最高地点の標高は103メートル低くなりました。

田村～敦賀間の交流電化

深坂トンネルを通る新線の開通にあわせて、田村（米原から2つ目の駅）～敦賀間を電化することになりました。

鉄道の電化には、直流電源方式と交流電源方式があります。変電所や送電線などの地上設備が整備しやすい都市部の近距離路線では、車両の製造コストが低く済む直流電源方式が有利です。一方、長距離路線では、地上設備の整備コストが低く、電圧降下*の心配がない交流電源方式が有利とされています。そのため、戦後は、商用周波数による交流電源を車両で整流して直流電気に変換する方式が、世界の趨勢になっていました。

そこで、北陸本線は交流電源方式を採用することにしましたが、それまでの日本の電化がすべて直流電源方式だったため、構造が複雑な交流電気機関車を独自に製造することは困難と判断し、フランスからサンプルを輸入することにしました。ところが、外国製品をそっくり模倣する日本のやり方を問題視していたフランスが輸出を拒否したため、あわてた国鉄は、日本を代表する重電三社（日立・東芝・三菱）に交流電気機関車の試作を依頼し、1955（昭和30）年から1956（昭和31）年にかけて、三社三様で完成した交流電気機関車の性能比較試験を、仙山線の作並～熊ヶ根間で実施しました。しかし、1957（昭和32）年には、三菱電機がＥＤ70形交流電気機関車（以下、ＥＤ70とする）18両を耳をそろえて敦賀機関区へ納入しているので、実際にはかなり早い段階で、メーカーを決定していたことになります。

なお、仙山線では、1957（昭和32）年9月5日に交流電化区間を熊ヶ根から仙台まで延長し、作並～仙台間が日本で最初の交流電化区間として認定されました。そのため、北陸本線は、わずか1か月遅れで二番目になってしまいました。

こうした経緯があり、深坂トンネルはとっくに完成していましたが、木ノ本～敦賀間を新線に切り替えたのは、1957（昭和32）年10月1日でした。

＊電圧降下…電気回路に電流を流したときに、抵抗などの素子の両端で、電流の方向に向かって電位が下がる現象。

仙山線の作並駅のホームにある「交流電化発祥地」の碑。上の看板には、交流電化の由来が記されている。

いまでは長浜鉄道スクエアに保存されている、ED70 形交流電気機関車の 1 号機。

「萬世永頼」の柳ヶ瀬トンネル

1957（昭和32）年10月1日の新線の開業により、柳ヶ瀬トンネルを経由する木ノ本～鳩原信号所（敦賀側の旧線と新線の合流地点）間は、柳ヶ瀬線と改称されました。そして、線路容量*いっぱいに設定された1000トンの貨物列車を3～4台の機関車が牽引していた幹線中の幹線が、一夜にして、1～2両編成の気動車（ディーゼルカー）が1日に数本走るだけの典型的なローカル線に格下げとなりました。約80年前、井上勝が「中之郷、柳ヶ瀬、雁ヶ谷は古くから北国街道の宿場町であり、沿線の需要が見込める」と考えて決定した柳ヶ瀬ルートでしたが、鉄道が地域開発に資するとした井上の思いどおりにはいかず、利用客が極端に少ない柳ヶ瀬線は、「日本一の赤字路線」とか「赤字の横綱」といわれるようになりました。

その後、1963（昭和38）年9月30日に、北陸本線の敦賀～新疋田間の複線化に伴い、柳ヶ瀬線の鳩原信号所～疋田間は廃止となり、疋田での折り返しになってしまいました。そのため、もともと少ない利用客がさらに減少し、ついに1964（昭和39）年5月10日をもって、柳ヶ瀬線は廃止となり、80年の歴史に終止符を打ちました。

廃止後は、中ノ郷～雁ヶ谷間は国道365号線に路盤を譲りましたが、雁ヶ谷～疋田間は、柳ヶ瀬線を廃止する交換条件として運行することになった国鉄バスの専用道路になり、柳ヶ瀬トンネル内には、2か所のバス交換設備を設けました。国鉄は、雁ヶ谷～敦賀間の路線バスを律義に運行していましたが、1987（昭和62）年4月1日の分割民営化でJR西日本が引き継ぐと、バス専用道路を県道140号線として一般に開放したうえで、路線バスを廃止しました。

このときに、柳ヶ瀬トンネルの入口と出口には信号機が設置され、現在、トンネル内は一方通行になっています。1980（昭和55）年に開業した北陸自動車道の敦賀インターチェンジ～米原ジャンクション間は、旧柳ヶ瀬線に沿って建設することになり、刀根駅があった場所は、下り線の刀根パーキングエリアにするために埋められてしまいましたが、幸いにも、柳ヶ瀬トンネルは当時の姿をそのままとどめています。

伊藤博文が揮毫した「萬世永頼」は、「いつまでも人の役に立つ」という意味だそうですが、伊藤の願いどおり、柳ヶ瀬トンネルは130年以上が過ぎた今日でも、現役のトンネルとして使われています。

＊線路容量…一定の区間に、列車を設定すること（走らせること）ができる限定本数のこと。複線区間は上下線別、単線区間は上下あわせた本数となり、通常、1日単位または1時間単位で表す。

現在の柳ヶ瀬トンネル。入口には、信号機とともに、高さ制限のゲートがある。

碓《うす》氷《い》峠《とうげ》

トンネルに始まりトンネルで終わった１０４年の歴史

碓氷峠は、群馬県安中市と長野県軽井沢町の境にある、関東平野と中央高地を結ぶ重要な峠です。標高は９５０メートルほどですが、峠の麓（安中市坂本）の標高は５００メートルほどなので、かつての中山道では、８キロメートルほどで約４５０メートル登る最大の難所でした。ここに鉄道を通すためには、トンネルのほかにも、急勾配を克服する鉄道技術が活用されました。しかし、長野新幹線の開業に伴い、鉄道は廃止されました。

めがね橋ともよばれ、重要文化財に指定されている「碓氷第三橋梁」。右のトンネルは、244 メートルの「第五トンネル」。

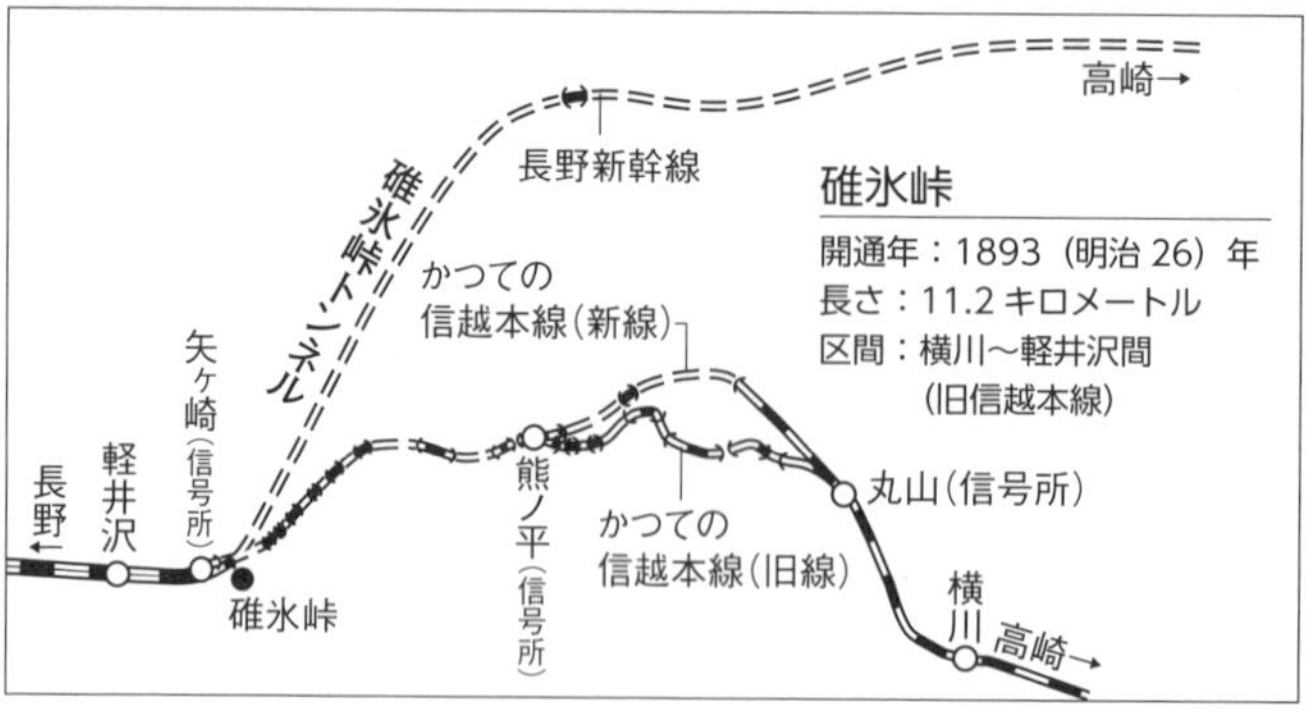

鉄道開通までの経緯

日本鉄道会社による上野～高崎間の開業

明治維新によって誕生した新政府は、日本が近代国家へ発展するためには鉄道は不可欠と考え、鉄道の建設を進めていきました。ところが、１８７７（明治10）年の西南戦争など、相次ぐ士族の反乱の鎮圧に取り組んだため、極度の財政難に陥りました。

それでも政府は、国が鉄道を建設し、運営するという方針は崩しませんでしたが、伊藤博文や岩倉具視らは、鉄道整備を急ぐため、私有資本の活用を訴えます。その結果、華族や士族の賛同も得て、１８８１（明治14）年、日本鉄道会社が設立されることになりました。

日本鉄道会社の設立目的には、次の建設予定区間が明記されていました（要約）。

①東京より上州高崎に達し、その中間より陸奥青森に至る
②高崎より中山道を通じ越前敦賀の線（当時建設中の京都～敦賀間の鉄道）に接続し、すなわち東京と京都の連絡をなす
③中山道中より北越新潟を経て羽州に至る
④九州豊前大里（現在の門司）より小倉を経て肥前長崎に達し、この中央より肥後に至る

第一番目に東京と上州高崎を結ぶ鉄道をあげたのは、養蚕業や製糸業が盛んな群馬県の産品を輸出することが、外貨が必要な日本にとっては急務だったからです。高崎から輸出港の横浜へは、赤羽から新宿や渋谷を経由して、品川で新橋～横浜間の鉄道に乗り入れるというルートが計画されま

した。しかし実際は、赤羽～品川間の工事が難航し、当面は上野を起点とすることに計画が変更され、1884(明治17)年5月に、上野～高崎間が全通しました。

なお、赤羽～品川間は、翌1885(明治18)年3月に開通しましたが、これが山手線の始まりとなります。東京の中心を一周する現在の山手線が、実際には、品川を起点に、渋谷、新宿、池袋を経由し、田端を終点とする路線となっているのは、このような経緯からです。

また、「陸奥青森に至る鉄道」との分岐点は、栃木県の両毛地域(桐生、足利、佐野)の実業家が、鉄道誘致を目的に、日本鉄道会社に出資していた関係で、そこを経由するために熊谷が有力と見られていました。それでも最終的には、両線の供用区間はできるだけ短くすべきとする鉄道局長の井上勝(↓P50)の主張などにより、大宮に決定しました。そして、両毛地域への対策として、現在の両毛線(新前橋～小山間)を建設することにしました。

第二番目に東京と京都を結ぶ鉄道をあげたのは、政府が1869(明治2)年に、東京と京都を連絡する鉄道の建設を決定した経緯からです。中山道ルートで建設するとしたのは、1870(明治3)年に実施した東海道ルートとの比較調査の結果が、「海運と競合する東海道より交通不便な中山道に鉄道を通す方が経済発展につながる」という内容になっていたのを受けたためでした。

幻に終わった中山道鉄道

鉄道局長の井上勝は、鉄道の国有化を強く望む人物でした。日本鉄道会社による東京から高崎を経由する中山道鉄道の建設計画を知ると、技術力がない日本鉄道会社が工事を行なうことは不可能だと主張しました。そうしたこともあり、日本鉄道会社は、東京～高崎間の鉄道建設については、鉄道局に工事を委託することになりました。

ところが井上は、工事に限らず、すべての決定権を握り、高崎からの中山道鉄道は官設で行なうべきだと政府に働きかけました。その結果、1883（明治16）年10月、「中山道鉄道建設公債」の発行を政府は決議し、鉄道局が高崎から先の工事を行なうことになりました。なお、今日でも大宮～高崎間が高崎線で、信越本線の起点が高崎となっているのは、こうした経緯からです。

井上は、事前に高崎～上田間の測量調査を命じていたので、中央分水界（→P18）を通過する碓氷峠が急峻な地形であることは承知していました。そこで、高崎～横川間の工事に着手する一方で、碓氷峠がある横川～軽井沢間の工事は先送りにして、軽井沢から先の工事を先行させることを考えました。そして、日本海側の直江津から中山道鉄道の建設資機材を輸送するため、直江津～上田間の鉄道建設を申請しました。

井上は自ら、1884（明治17）年5月から2か月に渡り、中山道ルート全般の現地視察を行なっています。そのとき井上は、中山道ルートが予想以上に地形が険しく、加えて沿線の人口が少

「日本の鉄道の父」とよばれた井上勝（1840年～1910年）。

写真提供：国立国会図書館

ないため、経済効果も期待できないことを痛感しました。なかでも、横川から軽井沢にかけては、標高差が５５２メートルもあり、単純に8・5キロメートルの直線距離で割ると平均65パーミルもの急勾配になってしまい、周囲に迂回するルートも見当たらず、暗礁に乗り上げてしまいました。

翌１８８５（明治18）年になると、7月には直江津からの工事が始まり、10月には高崎〜横川間が開通しました。そうしたなか、井上は、中山道鉄道の建設に懐疑的となり、密かに東海道ルートの測量調査を部下に行なわせています。その結果、１８８６（明治19）年3月、井上は東海道ルートへの変更を決意し、盟友の伊藤博文が組閣した第一次伊藤内閣に対し、ルートの変更を進言しました。

山縣有朋をはじめとする軍部は、国防上の理由から海岸ルートへの変更に反対しましたが、１８９０（明治23）年の第一回帝国議会までに東西幹線鉄道を完成させるという至上命題に間に合わないことが決め手となり、7月に政府は、東海道ルートへの変更を許可しました。

こうして、井上の念願だった中山道鉄道の構想は、碓氷峠の壁に阻まれ、幻に終わりました。

中山道と東海道

信越本線の芽生え

中山道鉄道の計画が中止になると、すでに開業していた高崎～横川間と直江津～関山間をどうするのかが問題となり、両区間を接続することで、東京と日本海側を結ぶことになりました。これは、すでに建設してしまった鉄道を何とか有効に活用しようとする苦肉の策でした。

こうして、関山から長野を経由して軽井沢までの工事を再開し、1888（明治21）年12月に、直江津から軽井沢までが開通しました。

一方、鉄道建設の目途が立たない横川～軽井沢間の碓氷峠では、群馬県前橋市の篤志家が、中山道の坂本宿と軽井沢宿の間の道路上に馬車鉄道を敷設し、1888（明治21）年9月から営業を開始しています。そのため、間接的ながら、東京と日本海側が結ばれました。

なお、この馬車鉄道は、馬2頭立てで鉄製の客車や貨車を牽引し、輸送需要はそれなりにありました。しかし、途中で2回も馬を交代したほか、線路や車輪の摩耗が想像以上に激しかったため、経営は厳しく、1893（明治26）年4月1日に鉄道が開業すると同時に、廃止となりました。

馬車鉄道。鉄道の建設が進められている碓氷峠を行く。

写真提供：碓氷峠鉄道文化むら

横川〜軽井沢間の鉄道建設

井上勝は、1889（明治22）年7月に、東西幹線鉄道を東海道ルートで完成させると、やり残していた碓氷峠の問題に、再び目を向けるようになりました。そして、横川〜軽井沢間の迂回可能なルートとして、のちに国道18号線の碓氷バイパスがつくられることになる入山峠（碓氷峠の南側）に着目しました。ところが、測量調査を実施してみると、勾配を25パーミルに抑えるには、路線距離が30キロメートル近くになり、そのほとんどがトンネル区間になるということが判明し、現実的ではありませんでした。

途方に暮れる状況のなか、欧州視察から帰国した日本人技師から、ラックレール併用方式の提案がありました。ラックレール併用方式とは、線路の間に歯の付いた軌条（ラックレール）を設置し、原動機の付いた車軸に接続した歯車（ピニオンギア）とかみ合わせる方式です（左ページの写真参照）。たまたま欧州で視察したドイツのハルツ山鉄道が、ローマン・アプトという技師が特許を取得した方式（複数のラックレールとピニオンギアをずらしてかみ合わせる方式）を採用していたため、日本では、この方式を「アプト式」とよぶようになりました。

碓氷峠鉄道文化むらに復元された、アプト式の線路。２本のレールの中央にあるのが、歯の付いた軌条（ラックレール）。奥に見えるのは、電気機関車が電気を取り入れるための第三軌条（→ P88）。

ラックレールと歯車の付いた車輪。写真は、静岡県の大井川鐵道《てつどう》のアプト式区間を走る電気機関車のもの。

写真提供：大井川鐵道株式会社

外国人技師のなかには、特殊な運転方式を導入することに反対する者もいましたが、ほかに方法がなかったため、井上はアプト式の採用を決断し、1891（明治24）年3月に工事が始まりました。

碓氷峠は、妙義山から続く独特な形の切り立った岩山ということもあり、線形は、短いトンネルを抜けては沢を渡ることの繰り返しとなりました。1本の長いトンネルよりも、短いトンネルを多くつくる方が、工事のうえでは都合がよく、開通後のトンネル内での煤煙問題を考えても、長いトンネルを回避することが得策でした。それにしても、26か所のトンネルの総延長は4577メートルにも及び、アプト式の区間の52パーセントに達したため、まさに息をつく暇もないほど、トンネルが連続する区間となりました。

なお、同区間には、18の橋梁を設けることになりましたが、中央のラックレールに負荷がかかるため、橋梁上にも道床*を敷く必要があり、すべての橋梁を、煉瓦積みで構築することになりました。

通常、トンネルや橋梁には個別に名称を付けますが、この区間はあまりにも数が多かったので、第一トンネルから第二十六トンネル、第一橋梁から第十八橋梁と、数字の名称を付けました。

当時の鉄道建設の様子は、ほとんど記録されていませんが、残された資料から、囚人などを大量に動員しての人海戦術で行なっていたことは確かで、横川〜軽井沢間の工事は、驚くことに、わずか1年9か月後の1892（明治25）年12月に完了しています。このころ、コレラの大流行があったとされていますが、それにしても、工事による犠牲者の数が500人に及んでいることからは、劣悪な環境で、労働を強いられていたことがうかがえます。

こうして1893（明治26）年4月1日、横川〜軽井沢間が開通し、高崎〜直江津間がつながり、直江津線とよばれるようになりました。

＊道床…鉄道の線路の路盤と枕木の間の層のことで、砂利やコンクリートなどが敷かれ、路盤にかかる重圧の分散や列車の振動の緩和といった役割を果たす。

工事用の車両が走る、建設中の碓氷第三橋梁。　写真提供：碓氷峠鉄道文化むら

●碓氷峠を越える鉄道の変遷

開通当初の運転状況

アプト式は、特殊な運転設備が必要なため、ラックレールや鉄枕木などの軌道関係はアプト商会から、機関車はエスリンゲン社から、それぞれ輸入しました（どちらもドイツの会社）。エスリンゲン社製の3900形蒸気機関車（以下、3900形とする）は、大きさもパワーも段違いで、柳ヶ瀬トンネルでも使用した1800形（↓P60）の重量が39トン、シリンダ最大牽引力*が5・4トンだったのに対して、3900形は、それぞれ60トンと9・3トンでした。さらに、3900形には、急勾配区間でブレーキの作動を確実にするため、手動ブレーキと空気ブレーキ（圧縮空気を動力とするブレーキ）に加え、反圧ブレーキ（自動車のエンジンブレーキのような仕組み）を装備していました。

また、連結器の故障などの不測の事態を想定し、下り列車（上り勾配）では、列車後方の横川寄りに機関車を連結し、客車や貨車を押し上げる運転方式としました。このスタイルは、1997（平成9）年に鉄道が廃止されるまで、碓氷峠では踏襲されることになります。

開通当初は、木製の客車または貨車7～8両で編成された列車を、1日5往復運行していましたが、事故防止の観点から深夜の運行を制限し、午前6時から午後9時までの運行としました。

横川～軽井沢間11・2キロメートルの所要時間は、下り列車（上り勾配）が78分、上り列車（下り勾配）が75分で、同区間の平均速度は時速8・9キロメートル、アプト式区間に限ると時速8キロメートルしかありませんでした。この極端に遅い運転速度で最大６６・７パーミルの勾配を上ることになる下り列車の乗務員や乗客にとって、総延長４５７７メートルにも及ぶ26のトンネルの通過はたいへんな苦痛となりました。その対策として、下り列車に蒸気機関車を連結するときの向きを反対にして煙突の位置を最後部にしましたが、運転速度が遅いため、その効果は限定的でした。

＊シリンダ最大牽引力…蒸気機関車のシリンダが、理論的に出せる動輪（動力を受けて回転する車輪）まわりの最大牽引力。

3900形蒸気機関車。手前は、ラックレール区間が始まる「エントランス」の部分。
写真提供：碓氷峠鉄道文化むら

碓氷第三橋梁を通過する3900形蒸気機関車。線路の中央には、ラックレールが見える。　写真提供：碓氷峠鉄道文化むら

信越本線の誕生

１８９２(明治25)年に公布された「鉄道敷設法」の第7条に定められた「第一期間ニ於テ其ノ実測及敷設ニ着手ス」という路線のなかには、「新潟県下直江津又ハ群馬県下前橋若ハ長野県下豊野ヨリ新潟県下新潟及新発田ニ至ル鉄道」がありました。これに呼応して名乗りを上げたのが、北越鉄道という私鉄でした。

北越鉄道は、新潟県の有志が、一向に進まない県内の鉄道建設に業を煮やし、渋沢栄一を介して東京の資本も集めて設立した会社です。１８９４(明治27)年4月に直江津～新発田間の免許を申請し、１８９７(明治30)年には、春日新田(現在の直江津と黒井の間)から北条(柏崎市内)までと、沼垂《ぬったり》(新潟市内)から一ノ木戸(現在の東三条)までが開通しています。その後、１８９８(明治31)年12月に北条～一ノ木戸間が開通し、翌年には直江津と春日新田の間に連絡線を設け、さらに、１９０４(明治37)年に沼垂～新潟間が開通したことにより、上野～新潟間で、日本鉄道、官営鉄道、北越鉄道の三社を直通する列車の運行が始まりました。

なお、北越鉄道は、鉄道国有法に基づき、１９０７(明治40)年に国鉄(官営鉄道)となり、高崎～新潟間は、１９０９(明治42)年の国有鉄道線路名称制定により、信越本線となりました。

東京と新潟県を結ぶ鉄道の路線図と開通年

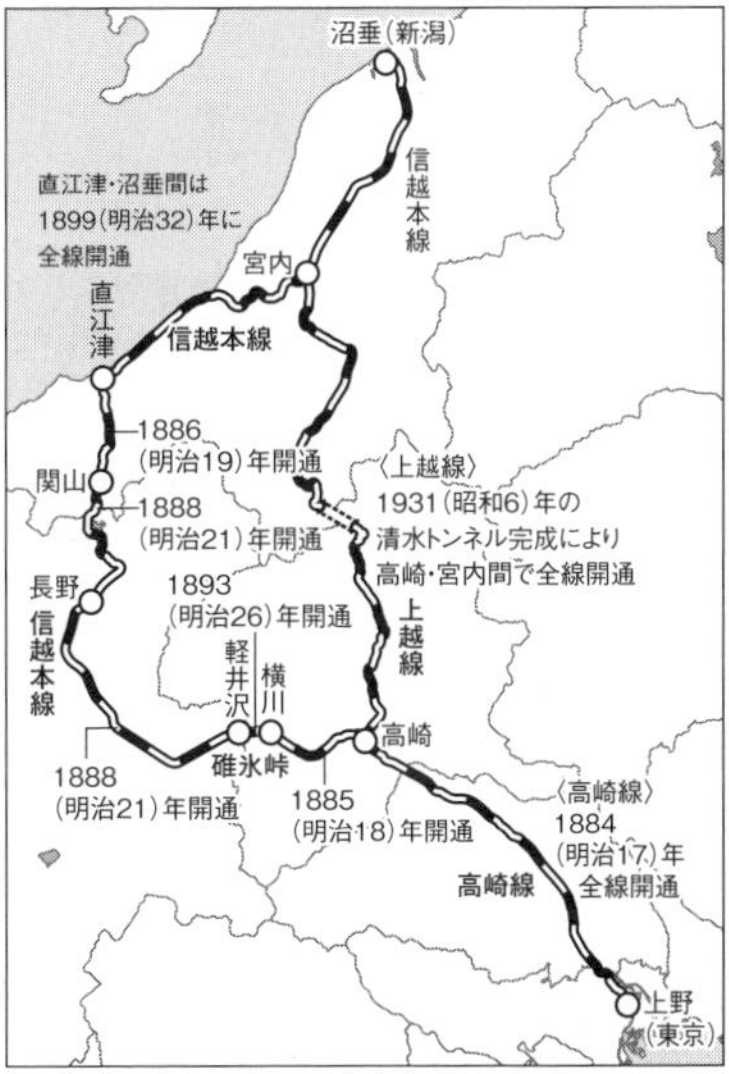

輸送力増強が仇となったトンネル問題

1899（明治32）年、直江津と春日新田が接続し、北越鉄道との連絡が可能になると、直江津線の輸送需要はにわかに高まり、輸送力の増強が求められました。しかし、1日に8往復ほどしか列車を運行できず、一列車の牽引定数（↓P62）も小さい横川～軽井沢間がネックとなりました。そこで、3900形よりも大型の3920形や3950形という蒸気機関車を大量に増備し、1900（明治33）年からは、補助機関車を連結することにより、これまで7～8両だった牽引車両数を14両にまで増やしました。

碓氷峠の下り列車（上り勾配）の運行は、もともと機関車を最後部に連結して押し上げる方式でしたが、さらに補助機関車を1台連結し、強力な機関車2台で押し上げることになると、軽量な木製の客車や貨車が浮き上がって脱線してしまいます。そこで、補助機関車は、列車の中間に連結することになりました。

ところが、大型化された蒸気機関車が列車の中間に連結され、2台の蒸気機関車で重量化された列車を運行することになると、それらが排出する大量の煤煙と水蒸気がトンネル内

「アプトの道」という遊歩道（→P99）として整備された、かつてのアプト式区間に連続するトンネル。手前から、第八（92メートル）、第九（120メートル）、第十（103メートル）の各トンネル。

に充満しました。その結果、乗務員の吐血・窒息事故が相次ぎ、乗客のなかには、あまりの苦しさから逃れるため、途中から歩き出す人もいました。こうした状況を招いた最大の原因は、運転速度が遅いことにありました。トンネル内を下から上へ吹き抜ける風により、排出した煙は、後方には流れず、列車にまとわりついて離れないのです。

碓氷峠のトンネルに設けられた隧道幕。26のトンネルのうち20か所に設置された隧道幕の操作を行なうため、各トンネルに2名、合計50名を超す隧道番（写真右）が、一昼夜交代で配置された。　写真提供：碓氷峠鉄道文化むら

そこで、トンネルの入口に垂れ幕を設置し、列車がトンネル内に入り切ると幕を下ろすということを、対策として行ないました。これは、イギリスで考案されたばかりの方法でした。「隧道幕《ずいどうまく》」という幕を下ろして入口をふさぐことで、トンネル内に風が吹き抜けるのを防ぎ、入口付近の気圧が低くなってトンネル内に空気の流れが生じ、煙を列車の後方へと誘導するのです。この隧道幕は、各地の勾配線区のトンネルに設置され、なかでも加太《かぶと》トンネル（三重県／関西本線）や狩勝トンネル（北海道／根室本線）では、蒸気機関車がなくなる昭和40年代まで使用されました。

また、蒸気機関車が排出する黒煙を少しでも減らすため、燃料に重油を併用する「重油併燃（↓P63）」を試験的に行なったところ、乗務員の負担軽減も含め、それなりの効果が見られましたが、重油の値段があまりにも高額だったため、本採用を見送りました。

ただし、こうしたことは、煙の量の大幅な減少にはつながらなかったので、抜本的な対策とはなりませんでした。そのため、1909（明治42）年に板谷峠で起きた、機関車の乗務員によるトンネル内での窒息が原因で列車が逆走して脱線転覆した重大事故（↓P109）を契機に、鉄道院は、碓氷峠でも、抜本的な対策を講じることを決断しました。

トンネル対策として電化された碓氷峠

1909（明治42）年の板谷峠での重大事故を受け、板谷峠には、勾配線専用のドイツ製E型タンク式蒸気機関車（↓P110）が投入されることになり、一方、碓氷峠は、電化されることになりました。

日本の鉄道の電気運転は、1895（明治28）年の京都電気鉄道が最初で、関東では、1899（明治32）年の大師電気鉄道（現在の京浜急行電鉄）の六郷橋〜川崎大師間が最初でした。その後、都市部では、機動性に優れ、環境面でも問題のない電車が注目されるようになり、1904（明治37）年の甲武鉄道（現在の中央本線）の飯田町〜中野間を皮切りに、山手線などが次々と電化されました。

　ただし、それまでの電気運転は、周辺地域の電気設備がすでに整っていることが前提でした。さらに、ランニングコストが高い電気運転で元を取れるのは、輸送密度の高い都市部に限られていました。こうしたなか、碓氷峠の電化の決定は、とても革新的なことでしたが、裏を返せば、採算を度外視し、日本では最初となる電気機関車を導入してまでも改善しなければならないほど、碓氷峠は看過できない状況にあったのです。

　１９０９（明治42）年、国鉄（官営鉄道）は、電気設備の概要を固め、電気機関車の発注を決定しています。電力設備については、碓氷川に隣接して出力３０００キロワットの火力発電所を設け、交流６６００ボルトを地下ケーブルで送電し、アプト式区間の始端地点の丸山と矢ヶ崎に変電所を設け、直流６００ボルトで運転することにしました。車両の集電方式については、上空に架線を張って車両に設けた

碓氷峠の電化のために建設された横川火力発電所。下は、その内部に設けられた蒸気タービン。国鉄（官営鉄道）が初めて自ら建設した発電所だったが、すでに解体され、跡地は碓氷峠鉄道文化むらになっている。　写真提供：碓氷峠鉄道文化むら

ポールやパンタグラフで集電する「架空電車線方式」と、線路上に敷いた3本目のレールから集電する「第三軌条方式」がありますが、横川～軽井沢間の碓氷峠では、トンネルの断面積が小さく、上空に架線を張ることができないため、日本で初めて、第三軌条方式を採用することになりました。ただし、第三軌条方式では、サードレールに接触して感電する恐れがあるので、人が頻繁に立ち入る横川駅と軽井沢駅の構内では、架空電車線方式とすることにしました。このとき、日本で初めて、それまでのトロリー方式[*1]ではなく、いまでは標準となっているシンプルカテナリー方式[*2]を採用しました。

一方、電気機関車は、アプト式仕様となるので、ドイツのメーカーに発注しました。そして、アルゲマイネ社（ＡＥＧ）が電気部分を製作し、アプト式用機関車の製造実績のあるエスリンゲン社が機械部分を製作した、１００００形電気機関車（以下、１００００形とする／のちのＥＣ40）12両を輸入することになりました。１９１１（明治44）年、全機が日本に到着し、埼玉県の大宮工場で組み立てを行ないました。

横川～軽井沢間の電化工事は、１９１０（明治43）年4月に始まり、翌年9の月には完成しましたが、電気機関車の試運転や乗務員の訓練を行なう期間が必要だったため、営業列車で電気運転を開始したのは、１９１２（明治45）年5月からでした。しかし、すべての列車で電気運転を行なうには30両ほどの電気機関車が必要だったので、電気運転は旅客列車を優先とし、貨物列車の大部分は、引き続き、蒸気機関車による運転となりました。このことから、碓氷峠の電化のおもな目的が、乗客に配慮したトンネル対策だったことが分かります。

＊1 トロリー方式…直接吊架方式ともいい、吊架線を設けず、トロリー線だけを直接吊るす方式。設置コストが低い反面、列車の走行速度は時速50キロメートル以下に制限される。

＊2 シンプルカテナリー方式…ハンガー（吊り下げるための金具）により、吊架線からトロリー線を支持する方式。

丸山エントランスを走る10000形（EC40形）電気機関車。

写真提供：碓氷峠鉄道文化むら

碓氷第三橋梁を渡る10000形（EC40形）電気機関車。中間にも、機関車が1台連結されている。

写真提供：碓氷峠鉄道文化むら

早くも見切りをつけられた碓氷峠

アプト式のために運転速度が遅く、補助機関車を連結しても、一列車の編成両数に限りがあるため、横川〜軽井沢間は、早くから輸送力不足が問題視されました。当時の鉄道院の資料には、「信越線横川軽井沢間運搬力不足ノ為一日平均六七〇〇石ノ石油停滞シ而モ北海怒濤ノ為海運杜絶ノ状態ナルヲ以テ米穀輸送期ニ至レハ勢ヒ外国輸入油ヲ増加スルノニ至ルカ故ニ之ヲ救ハン為速ニ篠ノ井線ト中央線ノ接続ヲ図ルノ必要」と記録されています。実際に、1906（明治39）年には、現在の篠ノ井線と中央本線によって長野と東京を結ぶバイパス線が完成し、軽井沢〜横川間には、急勾配を利用して石油を自然流下させる、日本で最初の石油輸送用のパイプラインが建設されています。さらに、1918（大正7）年には、高崎〜長岡間に鉄道を建設することが決定し、そ

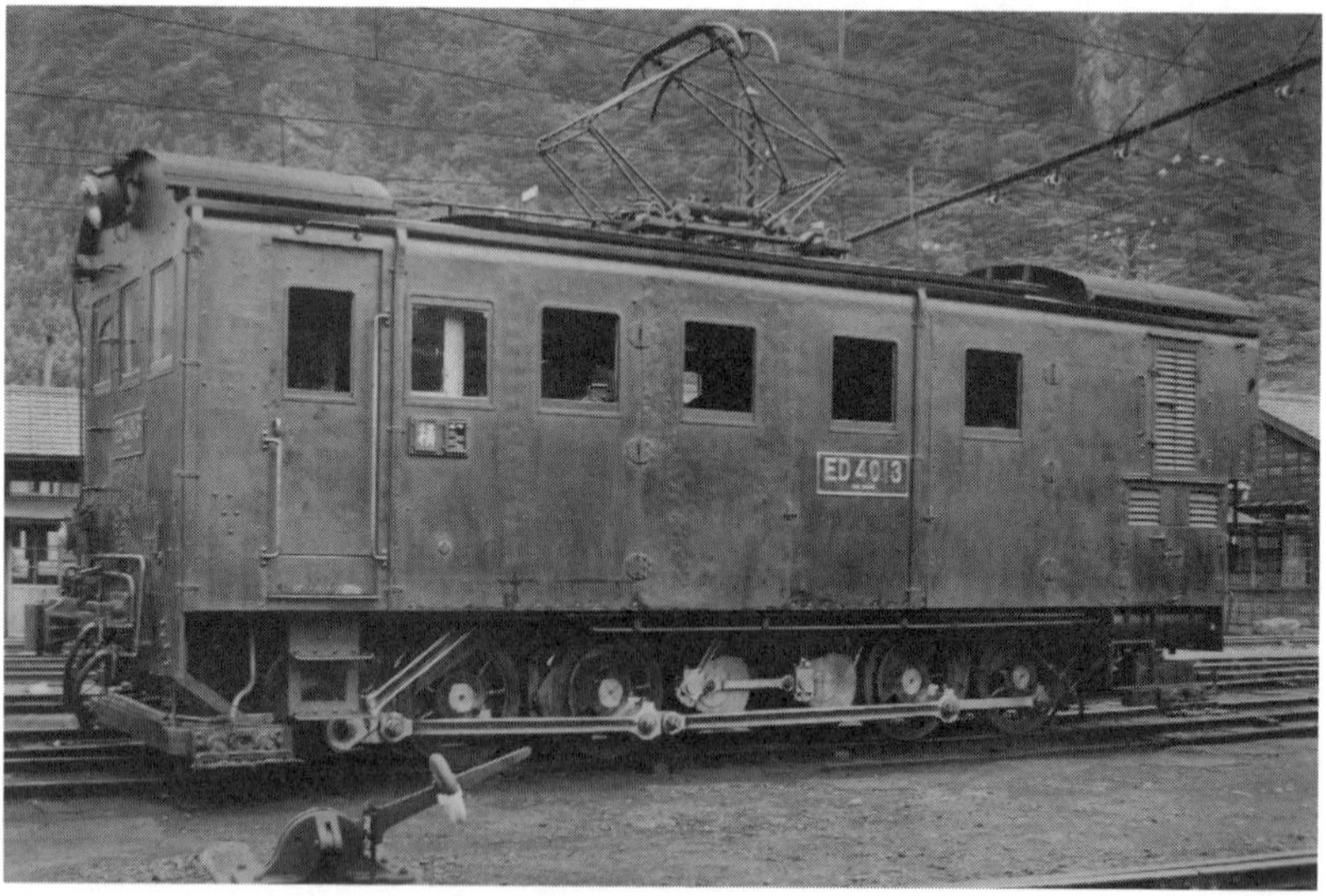

ED40 形電気機関車。運転台は、片側（横川側）にしかない。　写真提供：碓氷峠鉄道文化むら

れまで信越本線経由だった新潟と東京を結ぶルートを、上越線経由に変更することになりました。

こうしたなか、国鉄（官営鉄道）は、碓氷峠の輸送力の改善に積極的な姿勢は見せませんでした。しかし、碓氷峠の蒸気機関車が、製造から20年を経過して老朽化してきたため、10000形を参考にした国産初の電気機関車10020形（のちのED40）を、1919（大正8）年から大宮工場で、14両製造しました。これにより、1921（大正10）年、ようやく蒸気機関車はすべて廃止となり、横川～軽井沢間の全列車が、電気機関車による運転になりました。

急勾配で、軽井沢に向かう下り列車を押し上げるED42形電気機関車。
写真提供：碓氷峠鉄道文化むら

その後、1933（昭和8）年には、老朽化したEC40とED40の代替えとして、アプト式で最後まで活躍したED42形電気機関車（以下、ED42とする）を28両製造しました。その結果、アプト式が廃止される1963（昭和38）年時点の横川～軽井沢間の運行形態は、下り列車（上り勾配）42分、上り列車（下り勾配）46分の所要時間で、1日24往復となりました。

なお、上り勾配よりも下り勾配が時間を要したのは、急な下り勾配で一定以上の速度を出すと、加速力が制動力（ブレーキ力）を上回り、列車が暴走してしまうからです。

アプト式の廃止と複線化

戦後の混乱期が終わり、高度経済成長期を迎えると、鉄道による貨物輸送や長距離の旅客輸送が増加しました。なかでも上越線は、東京と北陸地方を結ぶ貨物列車や旅客列車の多くが運行していたため、輸送力が限界に達していました。しかし、碓氷峠を抱える信越本線は、輸送力の問題から、その受け皿にはなり得ませんでした。

また、空前のレジャーブームの到来で、行楽シーズンの信越本線は、臨時列車を運転しても乗り切れないほどの混雑ぶりでした。あわせて、果物や高原野菜などの農産物の出荷量の増加や、沿線の工業団地の建設により、貨物輸送の需要も年々高まっていきましたが、旅客輸送を優先するため、貨物輸送は制限しなければなりませんでした。このように、信越本線は、需要がありながら列車を増やせない状況で、年間10億円を超える赤字を計上していました。

そうしたなか、信越本線に並走する国道18号線が整備され、スキー・スケート客向けの貸し切りバスの運行などが始まると、混雑に嫌気をさした人たちが、鉄道から自動車やバスに流れる傾向が顕著になってきました。そのため、国鉄は、対策を考えなければならない状況に追い込まれました。

信越本線の輸送力不足の原因は、碓氷峠にあることは明白でした。そこで、国鉄の関東支社は、碓氷峠の輸送力を増強する方策として、勾配を25パーミルに抑えた迂回ルートの建設を本社へ提案しました。それに対して、本社の技師長を務める島秀雄は、現状のルートで複線化し、あわせて、ラックレール併用方式（アプト式）から普通の粘着運転*への切り替えを検討するよう指示しました。

関東支社の案では、横川～軽井沢間の延長距離がこれまでの１１・２キロメートルから25キロメートルになり、28のトンネルの総延長は１２・６キロメートルに達し、工費が71億円と見積もられました。一方、現状のルートで複線化し、あわせてラックレール併用方式から普通の粘着運転へ切り替え、従来線に並行して1線を増設する案では、短い工期で、工費を36億円に抑えられることが明らかになりました。そのことを受け、「工費、工期、輸送の将来性や安全性などを総合的に検討した結果、６６・７パーミル線増案で改良する」と国鉄は発表します。

粘着運転に伴い製造されたEF63形電気機関車とEF62形電気機関車（右の2台）と、アプト式の廃止で引退することになったED42形電気機関車（左）。

写真提供：碓氷峠鉄道文化むら

なお、この発表には、「専用の電気機関車の製造費や継続的に発生する運転費用をどう考えたのか」「下り勾配での列車の暴走など、６６・７パーミルでの粘着運転の安全性をどうとらえたのか」という疑問が残ります。それは、長野新幹線ができたときに、「横川～軽井沢間の在来線を存続できない」としたJR側の説明理由が、まさにこの2点だったからです（→P98）。

国鉄本社では、６６・７パーミルでの粘着運転を技術の勝利だと誇ったといわれていますが、試運転の段階からさまざまな問題が発生し、当初の計画どおりにはいきませんでした。横川～軽井沢間の粘着運転化に備え、高崎～長野間専用の本務機関車としてEF62形電気機関車（以下、EF62とする）を、横川～軽井沢間専用の補助機関車としてEF63形電気機関車（以下、EF63とする）を製造することになりました。そして、当初の計画では、本務機関車と補助機関車1台で360トンの客車列車を、本務機関車と補助機関車2台で550トンの貨物列車を、補助機関車3台で長編成の電車と気動車（ディーゼルカー）を、それぞれ牽引または推進することを予定していました。ところが、試運転中に、連結器の破損、連結器を支える車両の台枠の変形、車体の浮き上が

下り特急「あさま」の後方（横川側）に、補助機関車として連結された、2台のEF63形電気機関車。EF63の運転席からの制御で、189系電車「あさま」のモーターを回し、ブレーキをかける、協調運転を行なった。

上り特急「あさま」の前方（横川側）に連結された、2台のEF63形電気機関車。複数のブレーキ装置や保安装置を搭載したEF63が補助機関車として連結されたため、急な下り勾配の続く上り線でも、長い編成の特急電車が、安全に通過することができた。

りなど、さまざまな問題が発生しました。結局、すべての列車に補助機関車2台を連結することになり、貨物列車は400トン、電車は8両編成、気動車は7両編成までに制限し、運転速度は時速30キロメートルを限度とすることになりました。さらに、この区間を通過するすべての電車と気動車に対して、連結器取り付け部や台枠の強化工事を実施することになりました。

線路の増設にあたっては、従来線に近接している国道18号線への影響を避けるため、従来線より

煉瓦造りの碓氷第三橋梁（旧線）の奥に建設された、コンクリート造りの碓氷川橋梁（新線）。写真の列車は、軽井沢に向かう下り特急「あさま」で、2台のEF63形電気機関車が、補助機関車として連結されている。

碓氷峠の断面図

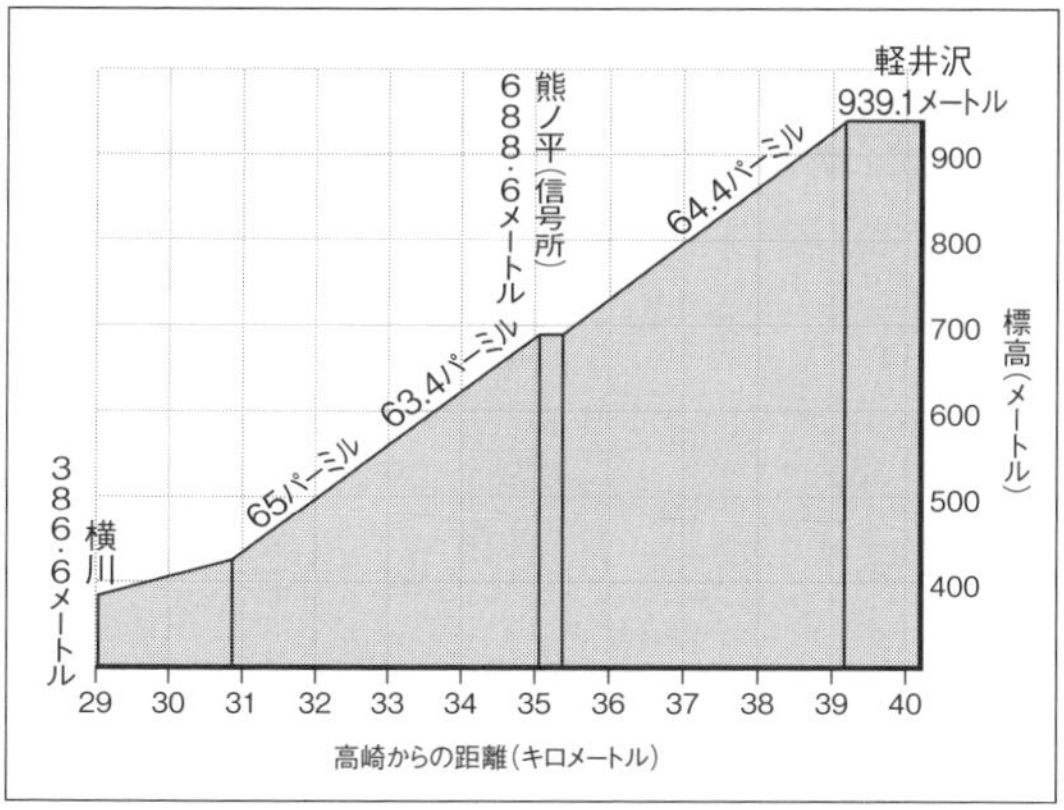

横川から軽井沢にかけて、急な上り勾配が続く碓氷峠。右ページの写真のように、勾配を上り、軽井沢に向かう下り列車だけではなく、勾配を下り、横川に向かう上り列車にも、補助機関車が連結された。
※勾配の角度は、実際よりも大きく示している。

峠の頂上側に線路を敷設することになりました。このうち、麓に近い丸山信号所～熊ノ平信号所間では、狭隘な谷間をたどるルートの従来線を廃止し、良質な地質の山腹に1200メートルと900メートルの2つのトンネルを設け、新線を建設することになりました。一方、峠の頂上側の熊ノ平信号所～矢ヶ崎信号所間は、ほかのルートを選択しようがなかったので、トンネルの拡張工事や路盤の補強などを施したうえで、従来線を下り線として活かし、峠の頂上側に上り線となる新線を併設することにしました。

＊粘着運転…レールと車輪の摩擦だけで、鉄道車両を運転する方法。

電化と複線化に伴うトンネル建設

工事は、1961（昭和36）年4月に始まり、1963（昭和38）年5月には完了しました。ト

粘着運転への切り替えと複線化が完了した熊ノ平信号所。軽井沢から横川に向かう列車が抜けているのは、新設された上り線のトンネル。中央のトンネルは、旧線のトンネルを改修した下り線のもので、左に見えるのは、旧線を走る下り列車が、熊ノ平駅に進入するときに利用した折り返し線のトンネル。

ンネルの数を比較すると、旧線の26に対して、全区間を新設した上り線では11、熊ノ平信号所〜矢ヶ崎信号所間で旧線を使用した下り線では18となりました。

トンネル工事では、堅固な安山岩や凝灰岩が主体の地山（→P30）だったため、全断面掘削工法（→P35）を基本としましたが、一部では、底設導坑（→P36）を先進させ、次いで上部の半断面を掘削する工法を用いました。

ただし、トンネルを建設する技術や作業システムは、最大でも30パーミル程度の勾配までしか想定していなかったため、66・7パーミルの勾配でのトンネル工事では、さまざまな問題が発生しました。とくに困ったのは、「ずり」とよばれる爆砕した岩石や土砂の搬出方法でした。特別な加工法で強度を高めたワイヤーロープによるトロッコ送り、小型ダンプトラックによる輸送、バッテリー機関車による輸送などを試しましたが、それぞれ一長一短がありました。なかでも、最も一般的とされるバッテリー機関車による輸送では、機関車を2台連結する重連とし、トロッコに貫通制動*を設けても、急勾配に耐えきれず、暴走する事故が起きています。

こうしたトラブルもありましたが、碓氷峠の改良工事は着工後2年で終了し、1963（昭和38）年7月15日から粘着運転が始まりました。そして、横川〜軽井沢間の所要時間は、下り列車（上り勾配）が17分、上り列車（下り勾配）が24分になり、アプト式の時代とくらべると、半分ほどになりました。

＊貫通制動…1か所の操作で、全車両の制動ができる仕組み。

トンネルによって消えた碓氷峠の鉄道

1988（昭和63）年8月、長野新幹線の建設方針が運輸省から提示されますが（→P292）、翌1989（平成元）年1月、長野新幹線の開業に伴う信越本線の横川〜軽井沢間の廃止が発表されました。

当初、長野新幹線は、勾配を15パーミル以下にするという「新幹線鉄道構造規則」に基づき、碓氷峠を避け、軽井沢を通らないルートで検討していました。しかし、年間80万人を超える観光客が訪れる軽井沢を通さないわけにはいかず、碓氷峠の北側に、30パーミルの勾配でトンネルを建設することにしました。その結果、安中榛名〜軽井沢間23・3キロメートルのうち、20・5キロメートルがトンネル区間となりました。

一方、JRが信越本線の横川〜軽井沢間を廃止するとしたことに対して、地元を中心に、反対運動や訴訟が起こりました。これに対してJRは、廃止により影響を受ける人が170人程度であることや、66・7パーミルで列車を安全に運転するために投じなければならない莫大な設備管理費や運転費によって収支が年間10億円の赤字になるといったことを理由に、バスによる代替輸送が現実的と裁判で抗弁し、その主張が認められました。このことを受け、群馬県は、第三セクターによる運行を模索しましたが、横川〜軽井沢間の輸送予測人員が北海道で廃止された赤字路線よりも少ない状況では、断念せざるを得ませんでした。

こうして、1997（平成9）年10月1日、長野新幹線は開業し、碓氷峠から鉄道が消えまし

碓氷峠トンネルを抜け、軽井沢に向かう長野新幹線（現在は北陸新幹線）の「あさま」。

た。トンネルに始まり、トンネルで終わった104年の歴史でした。

なお、アプト式の旧線は、2001（平成13）年、丸山信号所から碓氷第三橋梁（通称めがね橋）にかけての廃線跡が整備され、一般に公開されました。さらに、2012（平成24）年には、旧熊ノ平駅まで遊歩道が延長されました。

この区間には10のトンネルがありますが、実際に歩いてみると、66・7パーミルの勾配がとても急なことと、トンネルが連続する区間だったことを実感できます。また、明治時代にできた煉瓦造りの重厚なトンネルからは、碓氷峠に鉄道を建設した人々の執念とともに、鉄道の最盛期に廃止となった無念さが伝わってきます。そして、実際にトンネルの入口に立つと、いまにもED42形電気機関車が迫ってくるような錯覚に陥ります。

板谷峠

明治時代にできたトンネルを新幹線が通る

板谷峠は、福島県福島市と山形県米沢市の境にある、奥羽山脈を越える標高７５０メートルほどの峠です。日本有数の豪雪地帯として知られ、福島から山形や秋田を経由して青森に至る奥羽本線では、急勾配とトンネルが続く、最大の難所でした。しかし、度重なる改良工事や新たな車両の投入などによって難所を克服しました。いまでは、山形新幹線の車両が、急勾配とトンネルを走り抜けています。

明治時代にできた第二板谷峠トンネルを抜け、雪よけのスノーシェッドに覆われた峠駅を通過する、山形新幹線「つばさ」。

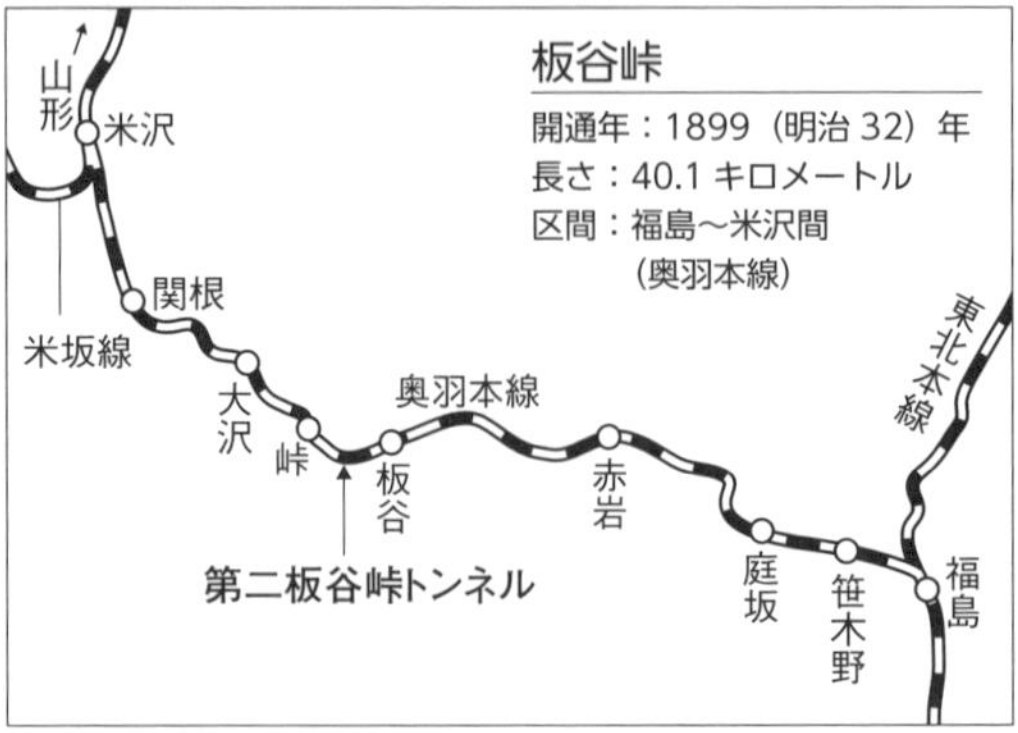

●鉄道開通までの経緯

奥羽本線の歴史

1881（明治14）年に設立された日本鉄道会社は、「東京ヨリ上州高崎ニ達シ此中間ヨリ陸奥青森マデ」の鉄道を建設予定区間のひとつとしましたが（↓P73）、そのルートは、戊辰戦争で旧幕府軍に加担した奥州や羽州を外し、岩手県を経由する計画でした。そこで、山形県と秋田県は、白石から山形に至る山形鉄道と、新庄から青森に至る秋田鉄道の認可を、それぞれ国に申請しました。

しかし、鉄道局長の井上勝（↓P50）は、幹線鉄道の国有化を主張していたこともあり、これを認めませんでした。そして、1892（明治25）年6月に制定された「鉄道敷設法」で定めた国が建設する予定鉄道線路の中に、「福島県下福島近傍ヨリ山形県下米沢及山形、秋田県下秋田、青森県下弘前ヲ経テ青森ニ至ル鉄道及本線ヨリ分岐シテ山形県下酒田ニ至ル鉄道」を選定し、さらに、早急に建設すべきとする第一期予定線路の9路線に指定しました。

こうして、1893（明治26）年7月には青森側から、1894（明治27）年2月には福島側から、それぞれ工事が始まり、1905（明治38）年9月14日に、福島～青森間が全通しました。1909（明治42）年には、国有鉄道線路名称制定により、福島～青森間は奥羽本線となりました。

板谷峠の3つの鉄道ルート案

「福島県下福島近傍ヨリ山形県下米沢及山形ニ至ル鉄道」の調査は、早急に建設すべき第一期予定線路に指定された直後の1892（明治25）年8月に始まります。太平洋水系の福島盆地と日本海水系の米沢盆地を隔てる分水嶺を横断する経路については、板谷第一線、板谷第二線、茂庭線の3案を比較検討しました。

板谷第一線と板谷第二線は、福島から板谷に至るルートに違いがあり、板谷第一線は、庭坂から松川渓谷に沿ったルート、板谷第二線は、萬世大路（板谷峠の北東にある栗子峠を越える現在の国道13号線）に沿ったルートでした。茂庭線は、福島から北上し、飯坂温泉や茂庭を経由して米沢に至るルートでしたが、路

2案目（板谷第二線）の栗子峠に、馬車が通れるトンネルとして、鉄道の開通よりも早く、1881（明治14）年に開通した栗子隧道。山形県の産物を東京に運ぶため、県令（いまの県知事）の三島通庸《みちつね》が整備し、「萬世ノ永キニ渡リ人々ニ愛サレル道トナレ」という願いを込めて明治天皇が命名した「萬世大路」の一部。

写真提供：米沢市

線距離がかなり長くなるため、早い段階で選考から外れました。

結局、最短コースとなる板谷第一線に決定しましたが、当初の測量調査では、最急勾配が15分の1（66・7パーミル）となるため、碓氷峠と同じく、アプト式（➡P78）の採用が前提となっていました。しかし、ルート決定後も、最急勾配を15分の1、30分の1（33・3パーミル）、40分の1（25パーミル）とした場合の線形や建設費の比較調査を実施しています。このことから、1891（明治24）年に碓氷峠で建設が始まったアプト式を、できれば、鉄道庁が避けたいと考えていたことが分かります。

再調査の結果、40分の1案が、「過多ノ建設費ヲ要スル」のにくらべ、30分の1案では15分の1案とくらべて路線距離はほとんど変わらず、建設費は「些少ノ増額ヲ来ス」程度で施工が可能とされたので、板谷第一線は、30分の1の勾配による粘着運転（➡P96）とすることになりました。ただし、15分の1案は、標高750メートルほどの板谷峠の頂上付近まで達することが可能なのに対し、30分の1案では、標高620メートル程度までしか到達できないため、長いトンネルで山腹を貫通しなければなりませんでした。

板谷峠の鉄道建設

1894（明治27）年2月、板谷峠の鉄道建設が始まりましたが、とくに難工事となったのは、庭坂から板谷にかけて、松川渓谷の断崖にへばりつくように線路を敷設する区間でした。岩壁が張り出しているところにはトンネルを掘れましたが、くぼんでいるところは、渓谷が深すぎて橋が架けられず、大規模な築堤を建設することになりました。

板谷峠といわれる庭坂～関根間には、合計19のトンネルをつくりましたが、碓氷峠と同じく、トンネルの名称は、1～19の数字で示しました（のちに個別の名称を付けた）。なかでも、14のトンネルが集中する庭坂～板谷間では、7号トンネルや13号トンネルの坑口が絶壁に面していたので、本坑にたどり着くためには、工事用の横坑（↓P38）を掘る必要がありました。

また、板谷～峠間には、1921（大正10）年に刊行された『日本鉄道史』に「施工特ニ困難ヲ極メタリ」と記述された、長さ1629メートルの16号トンネル（現在の第二板谷峠トンネル）を建設しました。このトンネルは、それまで最長だった柳ヶ瀬トンネル（↓P57）の1352メートルを上回るものでした。

16号トンネルの工事では、坑口から奥へと掘り進むに従い、照明用のカンテラや掘削機から出る汚れた空気によって作業環境が悪化するとともに、ずり（↓P97）の運び出しに時間がかかり、工事の遅れが目立つようになりました。そこで、坑内の換気と作業効率の向上を兼ねて、出口（米沢側）から680メートル付近の土被り（↓P42）が浅くなっている地面から、縦3・7メートル、横2・7メートル、深さ91・4メートルの穴を垂直に掘り、そこから両方向に掘削を行なうことにしました。この穴のことを立坑（↓P38）とよび、記録に残っている限りでは、1889（明治22）年の加太《かぶと》トンネル（三重県／関西本線）の工事で、初めて導入しています。

なお、地上部分を煙突状としたのは、冬季の積雪対策のためだと思われます。同じような形状の立坑は、豪雪地帯に建設された清水トンネル（→P156）でも確認されています。いまでも、16号トンネルの立坑のある場所の地上には、煉瓦造りの立派な煙突が残っています。

こうして、1899（明治32）年5月15日、19のトンネルと20の橋梁とともに、最小曲線半径300メートルの急カーブと最大38パーミルの急勾配が続く、福島～米沢間が開通しました。

16号トンネル（現在の第二板谷峠トンネル）の立坑の地上部分に設けられた、直径2.3メートル、高さ6.6メートルの煉瓦造りの煙突。　写真提供：米沢市

現在は、第二板谷峠トンネルとして、下り線に使われている16号トンネルの出口。写真は、スノーシェッド内に設けられた峠駅のホームから撮影したもの。

●板谷峠を越える鉄道の変遷

板谷峠の特殊な運転方式

福島～米沢間には、庭坂、板谷、峠、関根の4つの停車場（駅）を設け、その後、大澤（現在は大沢）と赤岩の2つの信号所を、停車場に格上げしました。なかでも、板谷峠を越える区間内の4つの停車場（赤岩、板谷、峠、大澤）は、すべてスイッチバック式でした。

スイッチバック式は、勾配線区で、停車場のための水平な用地を本線上に確保できない場合に採用されます。板谷峠の4つの停車場には、スイッチバック式の配線を利用して運転上の保安を確保するため、次のような共通点がありました。

①上下方向とも通過線はない（列車は駅を通過できない）。

②勾配を上る列車は、折り返し線に入ってからバックでホームへ進入し、勾配を下る列車は、直接ホームへ進入する（ホームを出るときはその逆）。

そして、運転作業基準により、勾配を上る列車は、勾配を下る列車がホームへ進入するまで、折り返し線で待機することが義務づけられました。

これにより、もしも勾配を下る列車が逸走したとしても、あるいは、駅で誤ってポイント（分岐器）を操作したとしても、通過線がないので、対向列車と正面衝突する恐れがなくなりました。あわせて、勾配を上る列車が折り返し線で待機し、勾配を下る列車とのホームへの同時進入を行なわないことにより、列車どうしの接触事故を防ぐことができました。

スイッチバック式の駅の仕組み

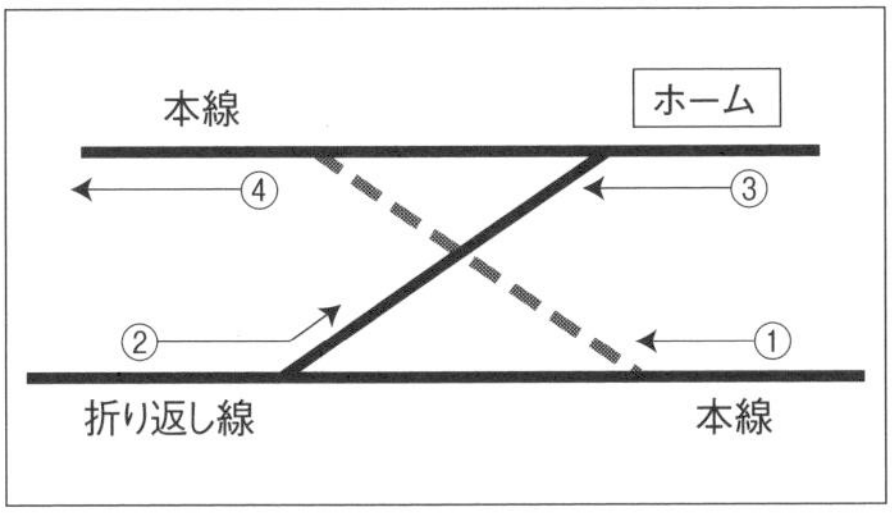

①勾配を上ってきた列車は、本線から折り返し線に入る（上の写真）。②折り返し線からバックで、駅に進入する。③④駅を出発した列車は、本線に進入し、再び勾配を上って行く（下の写真）。

※当初は、点線部分に線路（通過線）がなかったので、右ページにもあるように、列車は、駅を通過することができなかった。

勾配を上ってきた列車。駅のホームは左後方にあるので、写真左前方にある折り返し線に直進する。

駅を発車し、本線に進出する列車。

また、33・3パーミルの長い下り勾配では、絶えずブレーキをかけ続けることで、車輪とブレーキシューの摩擦熱による車輪の変形やブレーキシューの焼き付きが発生するため、勾配を下る列車は、各駅で必ず5分以上停車し、自然冷却を行なうことにしました。さらに、板谷峠で使用された蒸気機関車（B6形／↓P60）には、碓氷峠の3900形（↓P81）が装備していた反圧ブレーキ（自動車のエンジンブレーキのような仕組み）を、特別に取り付けました。

福島〜庭坂間は、最前部の本務機関車1台だけの運転としましたが、峠越えの区間がある庭坂〜米沢間は、最後部に補助機関車を1台連結し、前後2台による運転としました。トンネル内での煙対策のため、碓氷峠と同じく、勾配を上る列車は、本務機関車と補助機関車の両方を逆向きに連結し、煙突の位置を最後部にしました。ただし、勾配を下るときには正規の向きとしたので、サミット（最高地点）となる峠駅では、機関車の付け替えを行ないました。

ほかにも、「三十分ノ一勾配ヲ上ルニ際シ連結器切断シテ自動降下スルヲ導キ以テ危難ヲ防カンカ為ニ備ヘタル」という目的で、庭坂駅の構内に、延長2・3キロメートルに及ぶ緊急退避側線を設けました。しかし、補助機関車を最後部に連結していたので、連結器の切断が起きても、客車や貨車が暴走することがないと考えられたためか、いつの間にか廃止になりました。

なお、福島〜米沢間40・7キロメートルの開通時の所要時間は、2時間36分にもなりました。これは、途中駅の多くがスイッチバック式だったこと、車輪を冷却するための停車時間を確保したことや、峠駅で機関車の付け替えを行なったことなどが理由でした。

トンネルが関係した2つの事故

板谷峠では、1909（明治42）年に、トンネルに関係する大きな事故が2件発生しています。

1件目は、6月12日の19時40分ごろに起きた事故です。赤岩信号所を発車した福島発米沢行きの下り列車が、8号から12号まで5つのトンネルを抜けたあと、13号トンネル内で最後部に連結した補助機関車が空転（車輪の空回り）を起こしたため、停止してしまいます。何回か再起動を試みているうちに、煤煙のため、本務機関車と補助機関車の乗務員全員が昏倒してしまいます。その結果、ノーブレーキの状態で列車は退行を始め、赤岩信号所構内で折り重なるように脱線転覆し、4名が死亡、30名が負傷する大惨事となりました。この事故を契機に、国鉄（官営鉄道）では、板谷峠と碓氷峠の抜本的なトンネル対策を考えるようになりました。

2件目は、自然災害によるものでした。8月6日からの豪雨により、赤岩信号所の福島側にある7号トンネル付近の断層に亀裂が生じ、トンネルアーチが崩壊する事故が発生しました。7号トンネルの損傷は激しく、今後も付近の断層が動く可能性も考えられたため、7号トンネルの復旧を断念し、松川の対岸に新線を建設することになりました。

新線は、2つのトンネル（新5号、新6号）と2つの橋梁（長谷川、二代目松川）を新たに建設し、1911（明治44）年9月に開通しましたが、これにより、5～7号トンネルと初代松川橋梁は、わずか12年間で廃止となりました。しかし、この新線も、1958（昭和33）年に行なわれる庭坂～赤岩間の線路改良工事により、廃止となります（→P115）。

碓氷峠とは異なるトンネル対策

1909（明治42）年6月の赤岩信号所での脱線転覆事故を受け、鉄道院が行なった板谷峠と碓氷峠へのトンネル対策は、まったく異なるものでした。碓氷峠では、早々に電化の方針を決定し（↓P86）、翌年には電化工事を開始しましたが、板谷峠では、電化ではなく、勾配区間に適した特殊な蒸気機関車の導入を検討しました。

そのころ、東海道本線の箱根越え（国府津〜沼津間／現在の御殿場線）では、輸送力増強のために、勾配区間に強いアメリカ製のマレー式蒸気機関車*を導入しました。しかし、マレー式は全長が長く、急曲線に対応できない構造のため、板谷峠には適しませんでした。

そこで注目されたのが、ドイツ製のE型タンク式蒸気機関車でした。E型というのは、動輪の軸の数が5つ（Eはアルファベットの5番目）という意味です。動輪の軸の数が多いのでパワーが出ます。ただし、動輪直径が小さくなるので、スピードは出ません。タンク式蒸気機関車は、炭水車（テンダー）を連結せずに機関車の本体に水と石炭を搭載する蒸気機関車です。車体の長さが短く、後ろに炭水車をつないでいないので、バック運転に適しています。その反面、水と石炭の搭載容量が少ないため、長距離の運転はできません。

こうした特性のE型タンク式蒸気機関車は、板谷峠の線路条件や機関車の運用方法に適していました。そこで、さっそく鉄道院は、ドイツのJ・A・マッファイ社から4100形を4両購入し、1913（大正2）年から板谷峠で試用したところ、4100形1両で、これまで使用していた

９２００形２両分の牽引力を発揮し、機関車の性能に余裕があったので、トンネル内での乗務員の負担がかなり軽減されることが確認できました。そして、４１００形をそっくり模倣した４１１０形を鉄道院が設計し、１９１４（大正３）年に川崎造船所が30両製造しました。これは、いまでは許されないやり方です。

こうして導入した４１１０形は、過熱式ボイラーを用いていることもあって燃焼効率が良く、牽引力に余裕があるため、トンネル内での空転はなくなり、板谷峠の輸送力は大幅にアップしました。

１９１９（大正８）年、早急に電化すべき線区の調査を鉄道院が行ないましたが、板谷峠が電化す

板谷峠で活躍していた時代の4110形蒸気機関車。5つの動輪が確認できる。

かつて板谷峠で活躍した4110形蒸気機関車の4122号機。板谷峠の電化後は、1972（昭和47）年に美唄《びばい》鉄道が廃止になるまで現役を続け、現在は、日本鉄道保存協会に保管されている。

べき対象にならなかったのは、４１１０形の性能があまりにも優れていたからでした。

ところが、１９２４（大正13）年に羽越本線（新津～秋田間）が全通すると、関西圏と青森・北海道方面を結ぶルートが日本海縦貫線にシフトし、奥羽南線（福島～秋田間）への輸送依存度は徐々に低下していきます。さらに、１９３１（昭和６）年に上越線（高崎～宮内間）が全通すると、奥羽本線から一部の列車を振り替えたため、板谷峠を越える列車は激減し、１９３３（昭和８）年には、４１００形と４１１０形のうち13両が余剰となり、廃車となりました。

＊マレー式蒸気機関車…１個のボイラーで２組の走り装置を備えた蒸気機関車。スイス人技師のアナトール・マレーが発明した（写真→Ｐ173）。

トンネル対策ではなかった電化

戦後になると、経済の混乱や炭鉱労働者のストライキなどにより、石炭の生産量と流通量が激減し、燃焼効率の悪さも相まって、国鉄にとって、蒸気機関車の燃料不足が深刻になりました。そうしたなか、板谷峠の４１１０形蒸気機関車は、戦時中の酷使や老朽化により、限界が見えてきました。そこで、福島～米沢間の電化を計画することになりましたが、電化の大きな目的は、トンネル通過の環境改善（煤煙対策）ではなく、石炭不足への対応でした。

１９４６（昭和21）年11月、電化工事は始まりましたが、日本を占領していた連合国軍最高司令官総司令部（ＧＨＱ）は、福島～米沢間を電化する経済上の合理性に疑問があるとして、民間運輸局（CTS）を介して、工事の中止を命令してきました。

しかし、運輸省関係者の粘り強い交渉により、CTSは、次のような細かな条件を付け、工事の再開を認めました。

①1949（昭和24）年4月1日以前に電化工事を完了し、300トン牽引列車を運転すること。

②1949（昭和24）年11月1日以前に、スイッチバック式の駅で、通過線を設ける工事と線路有効長[*1]を延伸する工事を完了し、600トン牽引列車を運転すること。

③福島に電気機関車の車庫を設置すること。

こうして工事は再開されたものの、CTSから工期を制限されたため、本来であれば架線を張る余裕のない従来のトンネルを廃止して新たに断面の大きいトンネルを建設するところを、トンネル内の路盤の掘り下げや天井の掘り上げで対応することになりました。

電気機関車についても、時間的に新造する余裕がないため、上越線や東海道本線で使用されていたEF15形（以下、EF15とする）を集め、すべり止め用の砂をまく装置の増設など、33・3パーミルの勾配線での使用に備えた改造を行ないました。

ところが、電化工事が完了し、EF15を実際に使用してみると、下り勾配でのブレーキの多用が原因で、摩擦熱によるタイヤ弛緩《しかん》事故[*2]が続発しました。そのため、屋根の上に大きな水槽を搭載し、水撒き管によってタイヤを冷却する散水装置を設けたほか、蒸気機関車の反圧ブレーキ（↓P

81）に相当する電力回生ブレーキを取り付け、形式をEF16としました。
また、電気機関車は、蒸気機関車とは違い、運転台が最前部にあるため、断面が小さいトンネル内にできる氷柱《つらら》との衝突が生じ、前面の窓ガラスが割れてしまいました。そこで、前照灯や前面窓の上に、氷柱を切る庇《ひさし》を取り付けたほか、折れた氷柱で窓ガラスが割れないように、前面窓を金網で防御しました。

＊1 線路有効長…駅や信号所の構内で、他の列車の運行に支障を及ぼさない範囲で、列車または車両を停車させることができる区域の線路の長さのこと。
＊2 タイヤ弛緩事故…車輪（タイヤ）と車軸の接続部分にゆるみが生じ、そのことが原因で起きる事故。

前面の窓と前照灯に、氷柱を切るための庇が取り付けられたEF16形電気機関車。板谷峠での役目を終えたあとも、上越線の水上〜石打間で、補助機関車として活躍した。

板谷峠の改良

昭和30年代になると、明治時代にできたトンネルや橋梁の老朽化が目立つようになりました。そこで、曲線半径300メートルの急カーブが続き、トンネルと橋梁が集中する庭坂から赤岩にかけては、従来の線を廃止し、新ルートに切り替えることで、曲線の緩和とともに、トンネルや橋梁などの施設の更新を図ることになりました。

そのため、庭坂~赤岩間では、1号トンネルから二代目松川橋梁までの区間が廃止され、新たに、第一芳沢（528メートル）、第二芳沢（1091メートル）、松川（1048メートル）の3つのトンネルとともに、三代目の松川橋梁を建設し、1958（昭和33）年9月に切り替えました。

その後、奥羽本線では、所要時間の短縮が強く望まれるようになりました。また、東北地区の交流電源方式による電化での統一という方針もあって、直流電源方式で電化されていた板谷峠では、1968（昭和43）年から1971（昭和46）年にかけて、複線化と電源方式の交流化の工事を行ないました。

険しい松川渓谷に架かる松川橋梁を渡る、奥羽本線の貨物列車。

複線化の方法は、トンネルの多い険しい地形の庭坂～峠間では、別ルートによる新線の建設を基本としましたが、線形が緩やかな峠～関根間では、従来の線に並行して線路を敷いて複線化を行なう「腹付け線増方式」としました。これにより、庭坂～赤岩間では、三度目のルート変更を行なうことになりました。また、赤岩～板谷間では、1909（明治42）年の脱線転覆事故の引き金となった13号トンネルを含む4つのトンネルを廃止して、2083メートルの環金《かんがね》トンネルを新たにつくることになりました。ただし、板谷～峠間にある板谷峠最長の16号トンネル（現在の第二板谷峠トンネル）は、下り線用として引き続き使用し、上り線用のトンネルを、並行して建設することになりました。

なお、板谷峠の線形の改良にあたっては、急勾配の緩和は考慮せず、輸送力の増強は、機関車の性能アップにより、対応することにしました。その結果、1965（昭和40）年には、大出力の新型高性能直流電気機関車として、EF64形電気機関車を投入し、その後の電源方式の交流化にあわせて、板谷峠専用のEF71形電気機関車とED78形電気機関車を開発しました。

板谷峠で活躍したEF64形電気機関車の4号機。写真は、中央本線で撮影したものだが、前面の窓の周囲には、氷柱防御用の柵を取り付けるためのボルトが残る。

雪の降るなか、スノーシェッドをくぐり、スイッチバック式の峠駅に進入する列車。客車を牽引している電気機関車は、奥羽本線の電源方式の交流化に伴い、EF64 から役目を受け継いだ、ED78 形電気機関車（上）と EF71 形電気機関車（下）。

新在直通運転の時代

1970（昭和45）年に法制化された「全国新幹線鉄道整備法（→P274）」に基づき、「建設を開始すべき新幹線鉄道の路線を定める基本計画」に奥羽新幹線の福島～秋田間が選定されたのは、1973（昭和48）年のことでした。しかし、運輸省は、1987（昭和62）年4月の国鉄分割民営化を契機に、整備新幹線計画を見直し、旅客需要の少ない路線では、建設費用を節減するため、在来線に新幹線車両が直通運転する「新在直通運転」または「ミニ新幹線方式」とよばれる構想を打ち出しました。そのうえで、福島～山形間を初めての対象としました。

その理由として「沿線人口が比較的多く、地域開発効果が期待できる」「沿線に豊富な観光資源があり、首都圏からの旅客誘致が期待できる」「東京～山形間は約360キロメートルの

400系新幹線電車。スノーシェッドに覆われた板谷駅を通過し、線路上の雪をスノープラウで押しのけ、板谷峠を上る。

ため、航空機からの転移客が期待できる」と説明していますが、「旅客需要が少ないので建設費用を節減する」といった本音は言いづらかったようです。

建設費用の節減ということでは、度重なる改良工事を施してきた板谷峠の高い線路規格は、とても魅力的であったはずです。実際に、新在直通運転のために１９８８（昭和63）年〜１９９１（平成３）年に行なった工事では、トンネルなどの構築物にはほとんど手を加える必要がなく、改軌*工事のほかは、赤岩から大沢までの４駅のスイッチバック廃止によるホームの移転が主体でした。

そして、板谷峠の急勾配にも対応できる４００系新幹線電車を開発し、１９９２（平成４）年７月１日、東京〜山形間の新在直通運転が始まりました。

板谷駅に接近する山形新幹線「つばさ」。スイッチバック式の時代には、左側に見えるスノーシェッドの奥に、駅のホームがあった。

なお、ＪＲ東日本はもとより、世間では、山形新幹線の名称を広く使用しているので、福島～山形間（現在は福島～新庄間）を新幹線だと思いがちですが、新幹線の定義となる「主たる区間を列車が時速２００キロメートル以上の高速度で走行できる幹線」には該当しません。さらに、この区間には、従来どおり踏切があります。

また、この新在直通運転方式による山形新幹線は、「全国新幹線鉄道整備法」に基づかないため、整備基本計画にあがっている奥羽新幹線の誘致運動が引き続き行なわれています。そうしたことから、山形県は、板谷峠を２１・９キロメートルのトンネルで貫通する案などを提示しています。

柳ヶ瀬トンネルや碓氷峠が廃止となった一方で、板谷峠は、改良工事を何度も行なっているとはいえ、開業当初の面影をとどめています。そのため、第二板谷峠トンネルなど、明治時代にできたトンネルを、最新式の新幹線車両が通っているのです。

＊改軌工事…軌間（線路幅）を改める工事。奥羽本線では、山形新幹線の車両を走らせるため、１０６７ミリメートルの軌間を１４３５ミリメートルとした。

板谷駅を通過する山形新幹線「つばさ」。かつてホームがあった方向から、スノーシェッド越しに見た光景。

スノーシェッドに覆われた板谷駅に接近する列車。現在の板谷峠では、新幹線の車両（上）と在来線の普通列車の車両（下）が、同じ線路を走っている。

冠《かむり》着《き》トンネル

3世紀に渡る現役の鉄道トンネル

長野県北部を走る篠ノ井線（塩尻～篠ノ井間）の冠着トンネルは、姨捨山《おばすてやま》の伝説で知られる冠着山の下を貫いています。建設から100年以上が経過した煉瓦造りのトンネルは、いまでも現役です。名古屋と長野を結ぶ特急「しなの」が、上り下りとも1時間に1本の割合で通過していますが、蒸気機関車の時代には、煙との壮絶な闘いが繰り広げられました。

冠着トンネルに突入し、松本方面に向かう篠ノ井線の列車。明治時代にできたトンネルの天井と列車の冷房装置との間隔は、ごくわずか。

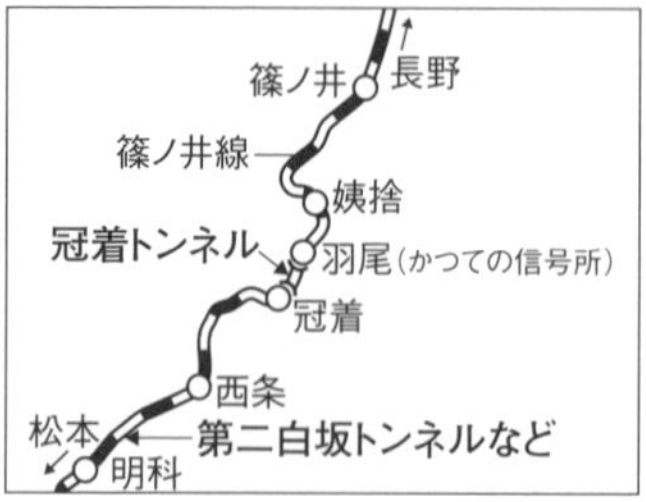

冠着トンネル

開通年：1900（明治33）年
長さ：2656メートル
区間：冠着～姨捨間（篠ノ井線）

●完成までの経緯

篠ノ井線の歴史

１８８９（明治22）年、東西幹線鉄道（↓Ｐ50）として、現在の東海道本線が全通しました。しかし、「防衛上の理由で内陸を貫通する幹線鉄道が必要」という内容の建議書を軍部から受け、１８９２（明治25）年に制定の「鉄道敷設法」で定められた国が建設する予定鉄道線路には、「神奈川県下八王子若ハ静岡県下御殿場ヨリ山梨県下甲府及長野県下下諏訪ヲ経テ伊那郡若ハ西筑摩郡ヨリ愛知県下名古屋ニ至ル鉄道」があげられました。そこには、「長野県下長野若ハ篠ノ井ヨリ松本ヲ経テ前項ノ線路ニ接続スル鉄道」が、その支線として含まれていました。この支線こそが、現在の篠ノ井線です。

これを受けた鉄道庁は、１８９３（明治26）年に路線調査を実施します。その結果、長野盆地から松本盆地へは、篠ノ井から東筑摩郡を通る最短ルートのほか、長野から犀川沿いに南下するルート（現在の国道19号線）や、大町に抜けるルート（現在の県道31号線）など、６つのルートを候補にあげました。しかし、どのルートも険しい峠越えが必要なので、最短ルートの選択が合理的と判断し、篠ノ井から東筑摩郡を通るルートに決定しました。

その後、１８９６（明治29）年に工事が始まり、１９００（明治33）年11月に篠ノ井～西条間が開通し、１９０２（明治35）年12月には、塩尻までの全線が開通しています。この工事は、篠ノ井側から一方的に行ないましたが、順調に進みました。それは、すでに開業していた直江津線（のちの信越本線／↓Ｐ80）を利用し、直江津～篠ノ井間で、建設用の資機材を運搬できたからです。

冠着トンネルの建設

善光寺平（長野盆地）と松本平（松本盆地）の往来は、古くから盛んでした。しかし、中間の筑北盆地をはさんで、山越えをしなければならない険しい道のりでした。

なかでも、善光寺平から筑北盆地に至るルートは、江戸時代以前から、冠着山をはさんで、その北にある古峠とともに、その南にある一本松峠が開かれていました。江戸時代以降は、松尾芭蕉が「俤《おもかげ》や 姨ひとり泣く 月の友」という句を詠んだ姨捨を経て、冠着山とその東の

羽尾信号所を通過し、冠着トンネルに向かう列車を、一本松峠から望む。冠着トンネルは、一本松峠の直下を貫通している。スイッチバック式（→P106）だった羽尾信号所は、2009（平成21）年に廃止された。

聖山との間にあたる鞍部を通過する猿ヶ馬場峠を越えるのが、主要ルートとなっていました（現在の国道403号線）。

篠ノ井線のルートは、当初は猿ヶ馬場峠を越えるルートで考えていたようですが、4か月に渡る測量調査の結果、一本松峠の直下を、当時としては最長のトンネルで貫通するルートに決定しました。決定の経緯は明らかではありませんが、現在の国道403号線ですら険しい道のりの猿ヶ馬場峠を鉄道で越えることが困難だと判断したこと、勾配を25パーミルに抑えなければならなかったこと、ほかに実現可能な選択肢がなかったことなど、いくつかの理由が推測できます。

トンネルの工事は、1896（明治29）年12月に姨捨側から、翌年3月には冠着側から、それぞれ始まりました。掘削作業には、動力削岩機のほか、ずり（↓P97）を出す装置を導入しましたが、工期の短縮を図るため、2か所に立坑（↓P38）を掘りました。

1900（明治33）年11月1日、冠着トンネルの使用が始まりますが、2656メートルの長さは、それまで最長だった第二板谷峠トンネル（↓P104）の1629メートルを、大きく上回りました。

なお、冠着トンネルには、トンネル内の線形が一直線で、入口（冠着側）に向かって上り勾配が続くという特徴があります。そのため、トンネルを通過する列車の最前部や最後部からトンネル内を見ると、常に出口や入口の明かりが見えます。また、25パーミルの勾配が、いかに急なのかが分かります。

完成から今日まで

冠着トンネル苦闘の歴史――その1／戦前の煤煙対策

開通当初の篠ノ井線では、B6形蒸気機関車（↓P60）1台が、木製の客車や貨車7～8両を牽引していました。しかし、1906（明治39）年6月に中央幹線鉄道（現在の中央本線／↓P135）が塩尻まで到達し、東京と結ばれると、篠ノ井線は、輸送力に大きな問題のある碓氷峠（↓P84）を抱えていた信越本線（当時は直江津線）の救済輸送を担うようになりました。また、1911（明治44）年5月に中央幹線鉄道が全通し、塩尻と名古屋の間が結ばれると、農作物や繭などの長野県の物産を東海地方や近畿地方に輸送するという需要も生まれ、篠ノ井線の貨物列車は、補助機関車を連結し、2台の蒸気機関車で運転することになりました。

そこで、出口（姨捨側）から入口（冠着側）に向かって25パーミルの急

冠着トンネルの出口（姨捨側）。坑口の左右には、隧道幕の上げ下げに使用していた金属製の柱が残る。

勾配が続く2656メートルの冠着トンネルでは、煤煙対策を施すことになりますが、最初に行なったのは、碓氷峠でも採用した隧道幕《ずいどうまく》（↓P85）の設置でした。勾配を上る列車がトンネル内に入り切り、出口（姨捨側）の坑口に設置した垂れ幕を下ろすと、トンネル内に風が吹き抜けるのを防ぎ、垂れ幕付近の気圧が低くなってトンネル内に空気の流れが生じるため、煙を列車の後方に誘導することができたのです。

1931（昭和6）年になると、入口（冠着側）に送風装置を設置します。これは、1928（昭和3）年に起きた柳ヶ瀬トンネルでの窒息死亡事故（↓P60）を受けて開発したもので、勾配を上る列車がトンネルに入ると、列車に向かって風速25メートルほどの風を吹き付け、煙を後方へと誘導しました。なお、煤煙対策として送風装置を設置したのは、事故が起きた柳ヶ瀬トンネルとともに、冠着トンネルだけだったといわれています。

冠着トンネルの入口（冠着側）に見られる送風装置の跡（右の写真）。直径8メートルのプロペラがあり、手前のトンネル入口（左の写真）に向かい、風を送っていた。
撮影：鷹啄博司

冠着トンネル苦闘の歴史――その2／戦後の煤煙対策

戦後、輸送量の増加に対処するため、Ｄ50やＤ51といった大型の蒸気機関車を、篠ノ井線にも投入しました。ところが、断面の小さい冠着トンネルの中では、大量の煙や水蒸気が充満し、牽引する列車の重量化もあって蒸気機関車が空転するなど、かえって状況は悪化しました。

そこで、敦賀機関区のＤ51に採用した重油併燃装置（↓Ｐ63）を、篠ノ井線を担当する長野機関区と松本機関区のＤ51にも装備しました。さらに、敦賀機関区が集煙装置（↓Ｐ64）を開発すると、長野工場では、集煙胴の正面を開放し、そこから通風して煙を後方へ導く効果をねらい、独自の集煙装置を開発しました。ほかにも、煤煙対策として、防毒マスクの着用や、運転台の下部から運転室内に通したパイプを乗務員が口にくわえて空気を吸う装置の使用も試みましたが、これらは、実用には至らなかったようです。

１９５７（昭和32）年になると、敦賀機関区に配置したＤＤ50（↓Ｐ64）を改良したＤＦ50形ディーゼル機関車（以下、ＤＦ50とする）が登場し、真っ先に長野機関区に配置されました。そして、長野～甲府間の旅客列車に充当されます。このディーゼル機関車に乗務する希望者を募ったところ、冠着トンネルでの煙の苦痛から逃れたい一心で、篠ノ井線で乗務する機関士たちが殺到し、選抜試験を実施したそうです。

長野工場式集煙装置を備えたＤ51形蒸気機関車。

しかし、この近代的なディーゼル機関車をもってしても、冠着トンネルの通過は容易ではありませんでした。

長野を出た上り列車は、稲荷山から延々と25パーミルの上り勾配が続くため、エンジンが過熱している状態で冠着トンネルに突入します。すると、トンネル内が狭いため、排気熱がこもってしまい、オーバーヒートで発煙したり、パッキンが吹き抜けたりするなど、故障が多発したのです。このため、冷却水や潤滑油のラジエーターに撒水するという対策を行ないましたが、ファンによってトンネルの天井に吹き上げられた油混じりの汚水が客室内に飛散し、乗客から苦情が続出することになりました。

また、冬期は、長野県北部の厳しい寒さとトンネル内の温度差により、ラジエーターに亀裂が生じるトラブルも発生しました。このように、急勾配線区での長大トンネルは、蒸気機関車だけではなく、ディーゼル機関車のような内燃車両にとっても、大敵なのです。

DF50形ディーゼル機関車。国産のディーゼル機関車としては、最初に量産され、特急列車から貨物列車まで、広く使用された。

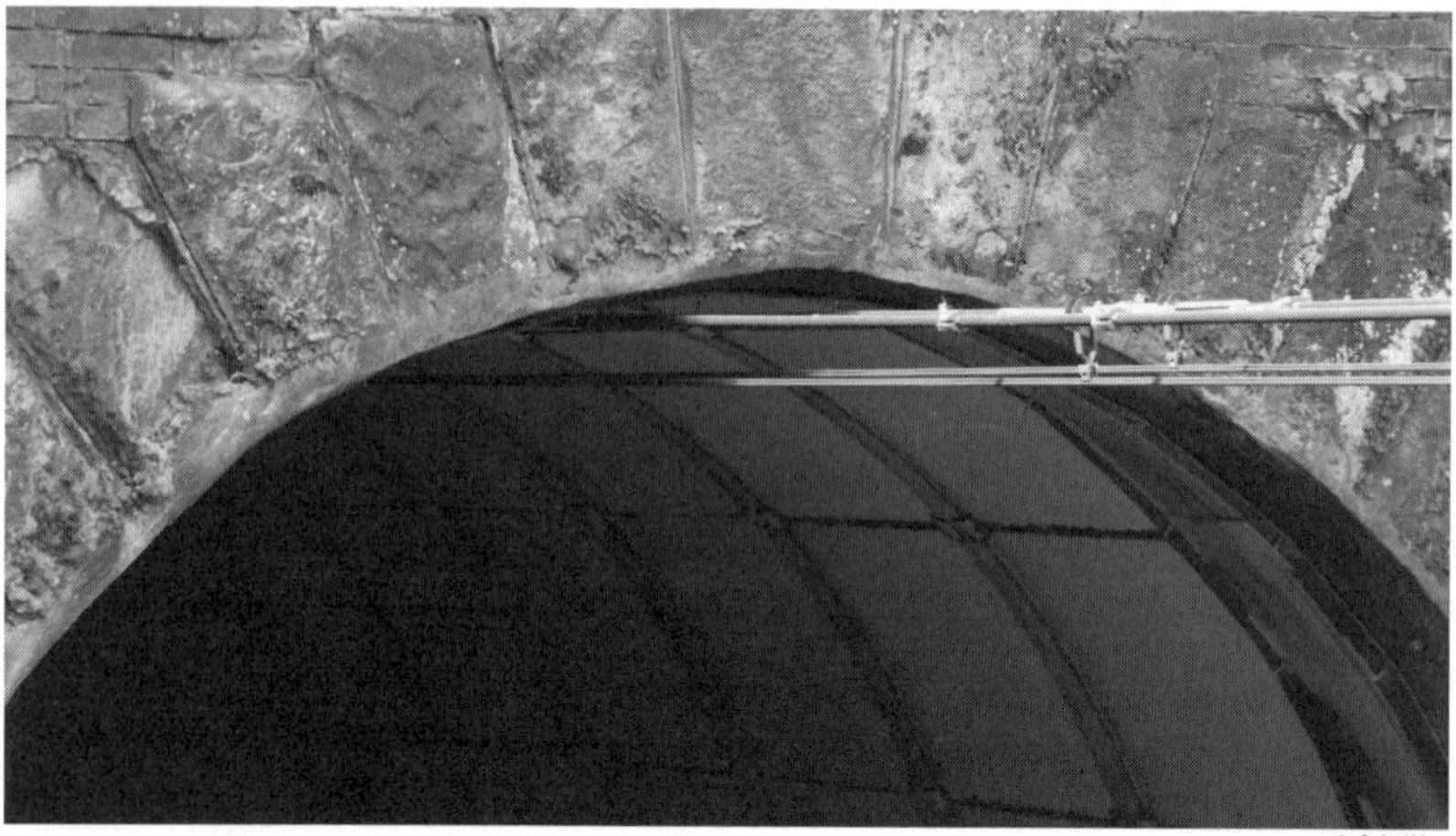

冠着トンネルの坑口上部に取り付けられた架線。トンネルの断面が小さいため、天井から吊る「吊架線《ちょうかせん》」とパンタグラフが触れる「トロリー線」の間隔は、ごくわずか。

その後、篠ノ井線の動力近代化は徐々に進み、1961（昭和36）年からは、優等列車の気動車（ディーゼルカー）への置き換えを行ないました。1965（昭和40）年ごろからは、DF50より強力なDD51形ディーゼル機関車を続々と投入し、1970（昭和45）年2月、ついに無煙化を達成し、冠着トンネルと蒸気機関車との苦闘の歴史は、70年で終止符を打ちました。

そして、1973（昭和48）年4月、篠ノ井線は電化されます。冠着トンネルは、架線を支えるための特殊な方式を採用したので、トンネルの断面の改築を行なわずに、そのまま使用することになりました。そのため、いまでは、振り子式特急電車*の「しなの」が、平然と通過しています。

*振り子式特急電車…車体傾斜式車両ともよばれ、曲線を通過するときに車体を傾斜させることで、通過速度の向上と乗り心地の改善を図った特急用の電車。

冠着トンネルの陰に隠れたトンネル

篠ノ井線には、筑北盆地と長野盆地の間だけではなく、筑北盆地と松本盆地の間にも、険しい山越えの区間があります。古くから複数のルートがあり（→P124）、そのなかから冠着トンネルを通るルートを選択した前者とは違い、後者は、昔から北国西住還（現在の国道403号線）しかなく、鉄道の建設にあたっても、やはり北国西住還に沿ったルート以外に、選択肢はありませんでした。

篠ノ井線は、1900（明治33）年11月に篠ノ井〜西条間が開通しましたが、西条〜塩尻間の開通は、1902（明治35）年のことです。このことからも、西条から松本方面への工事がたいへんだったことが分かります。

なかでも、潮沢川の渓谷に沿った西条から明科《あかしな》にかけては、25パーミルの勾配線上に、大小5つのトンネルを設けることになりました。とくに、2084メートルの第二白坂トンネルは、犠牲者が20名を超える難工事となり、明科の竜門寺の境内には、慰霊碑が建立されています。

第二白坂トンネルは、入口から出口に25パーミルの勾配が続く、2000メートルを超えるトンネルにもかかわらず、冠着トンネルのように、隧道幕や送風装置を設けませんでした。その理由は不明ですが、あまりにも冠着トンネルでの苦闘が注目を集めたので、その陰に隠れてしまったのかもしれません。

なお、第二白坂トンネルを含む明科〜西条間は、潮沢渓谷が地滑り多発地帯だったため、たびたび土砂崩れに襲われました。そこで、1988（昭和63）年には、新線に切り替えました。そして、新線には、第一白坂トンネル（1325メートル）、第二白坂トンネル（1780メートル）、第三白坂トンネル（4260メートル）を設け、明科〜西条間の8割ほどをトンネル区間とすることで、自然災害の防止を図りました。さらに、これらのトンネルは、複線規格でつくりました。ところが、予想に反して輸送量が伸びず、むしろ貨物輸送は衰退してしまったため、今日に至るまで単線で使用しています。

現在、廃止になった区間の一部では、遊歩道が整備され、趣のある煉瓦造りのトンネルを見学できるようになっています。

第三白坂トンネルを抜け、長野方面に向かう篠ノ井線の列車。将来の複線化に備え、複線断面のトンネルとなっている。

いまなお現役の冠着トンネル

篠ノ井線は、中央幹線鉄道の支線として建設され、碓氷峠がネックとなっていた信越本線の救済に使われたこともありましたが、信越地方と東海地方を結ぶ路線としての需要が旺盛です。そうしたこともあり、１９８２（昭和57）年には、塩尻駅の位置を５００メートルほど松本寄りの篠ノ井線上に移設し、名古屋と長野を結ぶ列車が、塩尻駅で向きを変えずに直通できるようにしました。いまでは、中央西線（名古屋〜塩尻間／↓Ｐ136）と一体化した主要幹線となっています。

しかし、将来的には、すでに建設から１２０年近く経過した冠着トンネルを、いつまで現役で使用するのかという問題が生じるはずです。

冠着トンネルで、入口に残る送風設備の遺構や、コンクリートで無造作に補修された坑口を近代的な特急電車が通過しているのを見ると、明治と平成の時が混じった不思議な感じを覚えます。

冠着トンネルに突入し、名古屋方面へ向かう特急「しなの」。出口（姨捨側）には、煉瓦造りの坑口が残る。

笹子トンネル

高尾〜塩山《えんざん》間は日本有数のトンネル街道

中央本線の笹子トンネルは、山梨県中央部の甲府盆地と東部の郡内地方を分ける、標高１０９６メートルの笹子峠の下を貫きます。笹子峠は、かつての甲州街道の難所として知られます。トンネルは、当時最長だった冠着トンネル（２６５６メートル）よりも２０００メートル長かったものの、さまざまな機械を導入することで開通しました。ここでは、笹子トンネルに加え、中央本線の高尾〜塩山間のトンネルについても取り上げます。

笹子トンネルを抜け、甲府方面に向かう EF64 形電気機関車。

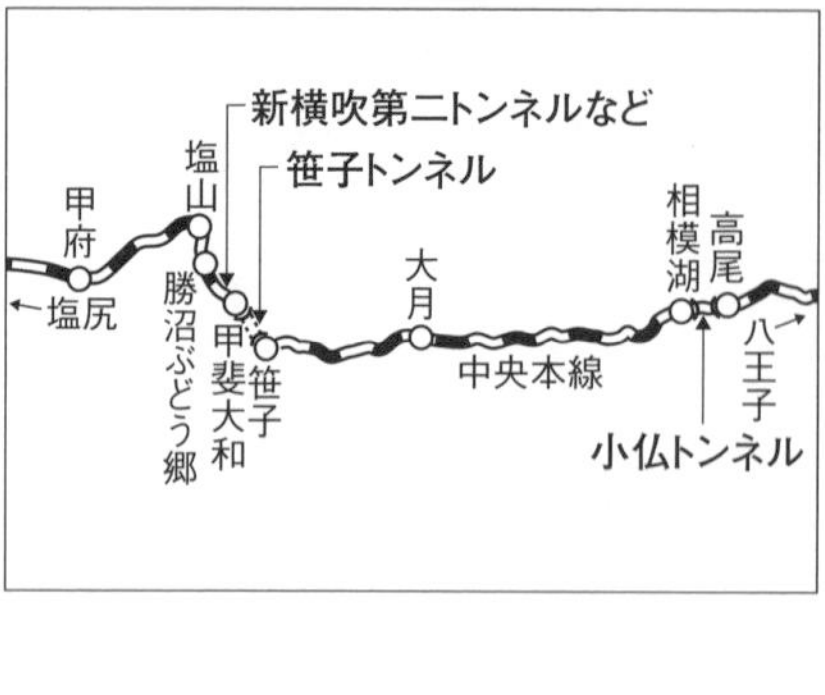

笹子トンネル

開通年：1903（明治 36）年
長さ：4656 メートル
区間：笹子〜甲斐大和間
（中央本線）

完成までの経緯

中央幹線鉄道のルートの決定

中央幹線鉄道（現在の中央本線）の建設が検討されるようになったのは、１８８７（明治20）年のことです。当時、長野県の諏訪湖の周辺では、日本の外貨獲得に欠かせない生糸の生産が盛んで、生糸関連業者が、東京や横浜の大資本家に出資を募り、甲信鉄道を設立しました。甲信鉄道は、御殿場～甲府～松本間の鉄道建設免許を鉄道局に出願します。しかし、鉄道局長官の井上勝（→P50）は、御殿場から甲府に至るルートが鋼索（ワイヤーロープ）による車両の牽引となっているなど、実現性に乏しい計画だったので、甲府～松本間に限って、免許を交付しました。

ところが、鉄道の国有化を主張する井上は、陸軍参謀本部長の有栖《ありす》川宮《がわのみや》熾仁《たるひと》親王から、「防衛上の問題から内陸を貫通する鉄道が必要である」という内容の建議書を取り付けます。そして、１８９１（明治24）年には、「東京名古屋ヲ連絡スル中央鉄道ヲ以テ最大緊急ナリトスルハ軍人社会ノ定論ニシテ与論モ是認」とする意見書を政府に提出します。

こうした経緯から、翌１８９２（明治25）年制定の「鉄道敷設法」で定めた国が建設する予定鉄道線路の筆頭には、「神奈川県下八王子若ハ静岡県下御殿場ヨリ山梨県下甲府及長野県下下諏訪ヲ経テ伊那郡若ハ西筑摩郡ヨリ愛知県下名古屋ニ至ル鉄道」があげられました。その後、「鉄道敷設法」の第7条に規定された線路取調委員による比較調査を経て、１８９４（明治27）年6月、中央幹線鉄道のルートが、八王子から西筑摩郡を経由して名古屋に至るルートで決定しました。

中央幹線鉄道の建設の歴史

中央幹線鉄道の工事は、１８９６（明治29）年に八王子と名古屋の双方から着工しました。名古屋からの西線（以下、中央西線とする）は、１９０２（明治35）年12月には、中津（現在の中津川）までの７９・９キロメートルが開業し、八王子からの東線（以下、中央東線とする）は、１９０３（明治36）年６月に、甲府までの８７・１キロメートルが開業していました。

１９０４（明治37）年になると、日露戦争が勃発し、鉄道建設を含めたすべての事業を凍結することになりました。しかし、主要輸出品である生糸の輸送は国策として不可欠との判断から、中央幹線鉄道については、岡谷までの工事を特別に許可しています。

その後、日本は、日露戦争に勝利したものの賠償金を得られず、極度の外貨不足に陥りました。そこで、物資の国内調達を図り、国内油田の大半が集中する新潟地区での石油産出を強化します。ところが、碓氷峠の輸送力不足（→P84）で輸送は滞り、軍事面から石油を最重視する軍部は、鉄道局を厳しく叱責します。その結果、信越本線の

中央西線の宮ノ越～原野間に建てられた「中央東西線鉄路接続点」の碑。東と西から建設が進められた中央幹線鉄道は、ここでつながった。　撮影：鷹啄博司

救済ルートとして、篠ノ井線（→P123）と中央東線を早急に接続することを決定し、他線の建設資材を転用するなど、緊急的な工事体制を敷き、1906（明治39）年6月、岡谷～塩尻間が開通しました。

そして、日露戦争に伴う事業凍結が解除されると、中央東線、中央西線とも、部分開通を繰り返し、1911（明治44）年5月1日、中央幹線鉄道は、中央本線として全線開通を果たしました。

なお、岡谷から塩尻に至るルートは、伊那地域への玄関口となる辰野を経由する迂回ルートで建設されました。これは、下伊那郡出身の伊藤大八という衆議院議員が強引に鉄道を誘致したことから、「大八まわり」とよばれ、「我田引水」ならぬ「我田引鉄」の代表例といわれてきました。しかし、軍部からの圧力で、早急に開通させることが至上命題だったことを考えると、塩嶺《えんれい》峠の下を長大トンネルで貫く最短ルートでの建設は、時間的な余裕がなく、無理だったのが実情のようです。

現在、岡谷～塩尻間では、1983（昭和58）年に5994メートルの塩嶺トンネルが開通し、特急列車をはじめとしたおもな列車は、16キロメートル短くなった新線を経由しています。

中央本線の岡谷～塩尻間のルート

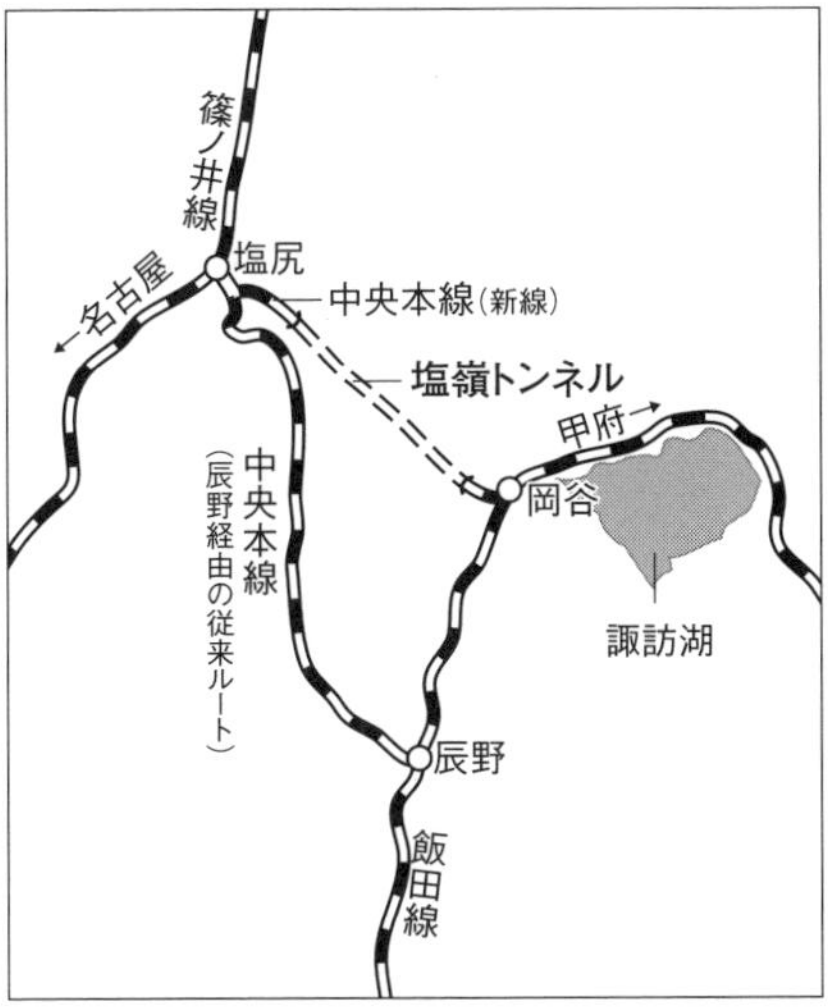

中央東線の２つの峠越え

当初、中央幹線鉄道は、現在の東海道本線が通っていた静岡県の御殿場からの建設も検討されましたが（↓P135）、１８９４（明治27）年、八王子から甲府に至るルートで、建設されることになりました。しかし、八王子から甲府にかけては、小仏峠と笹子峠という、２つの峠を越える必要がありました。

小仏峠は、東京都八王子市と神奈川県相模原市の境にある峠で、多摩川水系と相模川水系の分水界になっています。江戸時代の甲州街道は、この小仏峠を越えるルートでしたが、１８８８（明治21）年に行なった道路整備では、険しい山道の続く小仏峠を避け、その南側にある大垂水峠を越えるルート（現在の国道20号線）に変更しました。

ところが、この大垂水峠も、急勾配と急カーブが連続するルートで、鉄道には適さず、路線距離が長くなるため、中央東線は、小仏峠の直下を２５７４メートルの小仏トンネルで貫通することになりました。このトンネルの長さは、そのころ建設を進めていた板谷峠の16号トンネル（現在の第二板谷峠トンネル／↓P104）の１６２９メートルを上回ることになりましたが、１９００（明治33）年に２６５６メートルの冠着《かむりき》トンネル（↓P122）が開通し、さらに同じ中央東線では、それを大きく上回る笹子トンネルが工事中だったこともあり、目立たない存在となってしまいました。

小仏トンネルは、１９０１（明治34）年に開通しますが、入口（高尾側）付近がサミット（最高地点）になっているので、トンネル内は、出口（相模湖側）に向かって一方的な下り勾配となっています。

一方、笹子峠は、大月を中心とする郡内地方と甲府盆地の間にある峠で、こちらは、相模川水系と富士川水系の分水界になっています。笹子峠を越えるルートのほかにも、笹子から黒駒（甲府盆地の南東）を経由して石和《いさわ》に至る最短ルートや、大月から河口湖を経由して石和に至る迂回ルートも検討されましたが、前者は、アプト式（→P78）による建設が必要で、後者は、路線距離が長くなるので、どちらも採用されませんでした。

笹子峠を越えるルートでは、勾配を30分の1（33・3パーミル）にした場合と、40分の1（25パーミル）にした場合の2つのパターンの測量調査を行ない、比較することになりました。その結果、30分の1案よりも40分の1案の方が、線路の長さが2・3キロメートル、トンネルの長さが1500メートル長くなるものの、工事費用の差が120万

小仏トンネルの相模湖側の坑口。現在は、上り線に使われている

円弱だったので、運転上の優位性を重視し、40分の1案で決定しました。

なお、このとき試算されたトンネルの長さは4670メートルですが、実際の長さは4656メートルなので、測量調査がかなり正確だったことが分かります。

笹子トンネルの設計

笹子峠の測量調査では、トンネル内の勾配を水平レベルにすることを優先しましたが、それは賢明な判断でした。笹子トンネルは、過去に蒸気機関車が通過した最長のトンネルですが、勾配を上るときに出る煙が原因の窒息事故など、重大な問題が発生しなかったからです。

1896（明治29）年5月、中央東線の工事のための事務所を八王子に開設しましたが、笹子トンネルの工事が難航することを予想したため、当

洋風建築のような左右の柱状の装飾が美しい、旧甲州街道の笹子隧道。笹子峠のトンネルのなかで最も高い所にあり、長さが短いため、トンネルの出口が見える。

初から勝沼に派出所を設けました。そして、そこを基地に、詳細な測量調査をあらためて行ない、日本で初めての地質調査も行ないました。

その結果、トンネルの位置は、入口（東側坑口）を北都留郡笹子村とし、出口（西側坑口）を東山梨郡初鹿野《はじかの》村とすることになり、笹子峠を含めた山脈を、ほぼ直角に貫くルートになりました。また、トンネルの入口と出口の標高がともに６２３メートルで、トンネル内の最高点が６２５メートルだったため、トンネル内は、ほぼ水平レベルで、直線の線形となりました。

なお、笹子峠には、２つの道路トンネルがあります。峠の頂上に近い標高１０００メートル付近の旧甲州街道のトンネル（２３９メートル）と、標高７００メートル付近の甲州街道（国道20号線）のトンネル（２９５３メートル）です。標高６２０メートル付近の鉄道トンネル（４６５６メートル）を含めた３つのトンネルをくらべてみると、標高が高いほどトンネルの長さが短いことが分かります。

ダイナマイトと削岩機の使用

中央東線の八王子～甲府間の工事は、基本的には請負としましたが、難工事が予想される笹子トンネルとその前後の区間は、鉄道局の直営工事で行なうことになり、１８９６（明治29）年12月に始まりました。東側（笹子側）は、笹子川から１００メートルほどの切土《きりど》*により、トンネルの入口となる場所に到達できました。一方、西側（初鹿野側）は、日川の断崖に面していたため、出口となる場所から70メートルほど離れた山の斜面から本坑にたどり着くための横坑（↓P38）を52メートル掘削し、そこから67メートル掘って戻ることで、出口に到達しました。

笹子トンネルの工事は、中央東線の八王子～甲府間の工事のなかでも最初に始まったため、工事用の資機材の運搬を鉄道で行なうことができず、車馬による道路輸送に頼るしかありませんでした。入口（東側）へは、八王子から小仏峠を越えるか、御殿場から篭坂峠を越えて大月に至るルートで、出口（西側）へは、岩淵（現在の富士川）から水運でさかのぼり、鰍沢《かじかざわ》で陸揚げして勝沼に至るルートで運搬するしか方法がなかったため、作業効率が悪く、輸送費が膨大になりました。

掘削に関しては、頂設導坑先進工法（↓P36）による部分断面掘削工法（↓P35）を採用し、ダイナマイトによる発破で導坑の掘削を行ないましたが、切り拡げは、手掘りで行ないました。当初、ダイナマイトを詰める穴の掘削を手掘りで行なっていましたが、岩盤が硬いため、柳ヶ瀬トンネルで初めて使用した削岩機（↓P56）を導入しました。

削岩機は、その威力が発揮されるようになると、ダイナマイトを詰める穴以外にも用途が広がり、最終的には、導坑すべてを、削岩機で掘削するようになりました。削岩機は、坑外に設置した空気圧縮機から鉄管で圧縮空気を送り、それを動力としました。この圧縮空気は、削岩機の動力としての役目だけではなく、新鮮な空気を坑内に送る役目も果たしました。

＊切土…鉄道などを通すため、高い部分の土を削り取ること。

笹子トンネルの工事での工夫

これまでのトンネル工事で、坑内の空気を汚す最大の原因は、燃料を使用する照明用のカンテラでした。そこで、笹子トンネルの工事では、日本で初めて、トンネル内の照明に電灯を使用することになりました。1899（明治32）年には、東口は笹子川に、西口は日川に、それぞれ堰堤《えんてい》と水門を設け、そこから水路を引いて水車を駆動させる発電機を設置し、電気を供給しました。照明を電灯にしたことで、坑内が明るくなり、作業効率の向上にもつながりました。

こうして、掘削工事は順調に進みましたが、新たな問題が発生しました。奥に掘り進むにつれて出る岩石や土砂といったずり（↓P97）を坑外へ運び出す作業に、とても手間がかかるようになったのです。また、東口側では、運び出したずりを、初狩～笹子間の築堤工事に使用するため、2キロメートル近く運搬しなければなりませんでした。

それまで、ずりは、坑内にレールを敷き、人力によってトロッコで運搬していましたが、坑外の処分地までを

建設中の笹子トンネルの入口（東側）。ずりを運搬するトロッコを、電気機関車が牽引している。　出典：鉄道省『日本鉄道史』

含めると、レールの延長距離が5キロメートル近くに達したため、1900（明治33）年、電灯のために設けた水力発電設備を活用し、トロッコを牽引する電気機関車を導入しました。なお、この種の電気機関車は、すでに足尾銅山で使用していたといわれていますが、トンネル工事で使ったのは初めてです。日本初の鉄道の電気運転が京都電気鉄道で始まったのが1895（明治28）年だったことを考えると、これは画期的なことでした。この電気機関車は、ずりの運び出しのほかにも、工事現場への資機材の搬入や作業員の入退出にも使用したので、トンネル工事全体に、絶大な効果をもたらしました。

　こうした工夫とともに、延べ200万人といわれる作業者を投入したことで、当初

笹子トンネルの入口。立派な石積みでつくられた鳥居型の坑口は、ほかのトンネルとの格の違いを誇示しているといわれ、伊藤博文が揮毫した「因地利（地の利に因って）」という扁額が掲げられている。

8年とされていた工期が2年短くなり、１９０２（明治35）年7月には、東西からの導坑が貫通しました。これだけの工事で、犠牲者が5名だけだったことからも、工事が順調に推移したことがうかがえます。

さらに、予算３８３万円に対して、実際にかかった費用は２１８万円でした。これは、工事の機械化によって作業効率の向上を図った成果とされていますが、前代未聞の工事であったため、かなり多めの予算で考えていたのではないかともいわれています。

こうして１９０３（明治36）年に開通した笹子トンネルは、１９３１（昭和６）年に清水トンネル（９７０２メートル／↓P156）が完成するまでの28年間、日本で一番長いトンネルとなりました。

笹子トンネルの出口。山縣有朋が揮毫した「代天工（天に代わって工事を行なう）」という扁額が掲げられている。

笹子トンネルと中央東線の変遷

トンネル区間として電化された浅川〜甲府間

笹子トンネルの完成により、中央東線の浅川（現在の高尾）〜甲府間は、1903（明治36）年6月に全線が開通しましたが、早くも1910（明治43）年には、甲府商工会議所が電化の陳情書を提出し、以後も、継続して電化推進運動を展開しています。このことから、乗客にとって、笹子トンネルをはじめとした多くのトンネルを通過するこの区間が、とても苦痛であったことが分かります。

また、政府は、第一次世界大戦の影響で石油や石炭などの資源確保に危機感を抱き、1919（大正8）年には、石炭資源の確保と河川の水力発電所の開発を重点国策としました。これを受け、鉄道院では、幹線やトンネル区間の電化を従来以上に進めるという方針を打ち出し、早急に電化すべき線区の調査を行なっています。この調査の結果、トンネル区間と見なされた浅川〜甲府間では、電化工事が始まりました。

しかし、大きな問題が生じました。それは、レール面上からの高さが4500ミリメートルという明治時代にできたトンネルに、架線を張ることでした。今回の電化にあわせて開発中のED16形電気機関車（以下、ED16とする／写真→P167）は、パンタグラフ折りたたみ高さが3940ミリメートルで設計されていたため、いまでは標準となっているシンプルカテナリー方式[*1]（→P89）で架線を吊ったのでは、パンタグラフを上げることができず、電気を取り入れることができないのです。

こうした場合、老朽化した従来のトンネルを廃止して、新しいトンネルを掘り直すのが一般的ですが、浅川～甲府間のトンネルでは、開通してから20年ほどしか経過していなかったこともあり、従来のトンネルを活用しての電化を模索しました。そして、トンネルの天井に特殊な碍子《がいし》を直に取り付け、そこにトロリー線を吊る方式をとりました。その結果、何とかパンタグラフを上げて通過することができるようになりましたが、見た目には、ほとんど上がっていないような状態でした。

こうして１９３１（昭和６）年４月１日、浅川～甲府間は電化されました。

低屋根電車のパンタグラフ。装着位置の屋根が低くなっている。

中央本線のトンネルを抜ける電気機関車。写真からは、何とかパンタグラフを上げた状態で、天井の低いトンネルを通過している様子が分かる。　撮影：星野明弘

なお、戦後の桜木町事故[*2]を契機に、架線と折りたたんだパンタグラフの間隔を一定以上保つ基準ができたため、この区間を走る電車は、パンタグラフの装着位置の屋根を低くした「低屋根電車」という車両に限定されました。そのことは、いまの車両の設計思想にも受け継がれています。

＊1 パンタグラフ折りたたみ高さ…軌条（線路）から折りたたんだ状態のパンタグラフ・スライダー（集電板）までの距離。
＊2 桜木町事故…1951（昭和26）年4月に、神奈川県の桜木町駅付近で起きた車両火災事故。運転士が架線の異常を発見してパンタグラフを緊急降下させたものの、垂れ下がっていた架線がパンタグラフに絡まりつき、電車が炎上した。

電化と複線化を乗り越えたトンネル

ほかの線区の事例を見ると、明治時代につくられたトンネルの多くが、戦後の鉄道の近代化を象徴する電化と複線化には対応できず、廃止されています。それに対して、中央東線の浅川〜甲府間の場合は、電化の時期が早かったこともあり、トンネルはそのまま使われました。

中央本線の複線化に伴い、上り線用のトンネルとして、新たに建設された新笹子トンネル（写真左）。最初に建設された笹子トンネル（写真右）は、下り線用となっている。

初狩〜笹子間の新天神山トンネル。トンネル前後の急曲線の解消のため、線形改良に合わせて掘り直した、数少ない複線断面のトンネルのひとつ。

また、1962（昭和37）年から1970（昭和45）年にかけて実施した高尾～甲府間の複線化でも、腹付け線増方式（↓P116）を基本としたので、明治時代につくられたトンネルの多くが、引き続き使われることになりました。そのため、笹子トンネルは下り線用となり、山側に並行して、上り線用の新笹子トンネルを新設しました。

ただし、急勾配と急曲線のある一部の区間では、複線化にあわせて新線に切り替えました。こうした区間のトンネル（新天神山トンネルや猿橋トンネル）は、複線断面になっているので、簡単に見分けがつきます。

二転三転したトンネル

中央東線では、笹子トンネルを抜けた甲府側の甲斐大和（かつての初鹿野）から塩山にかけては、大菩薩峠から笹子峠へと連なる山々が甲府盆地に落ち込む山裾に沿って、線路を敷設しています。なかでも、初鹿野～勝沼（現在の勝沼ぶどう郷）間では、日川渓谷に落ち込む断崖に沿って、横吹第二トンネル（428メートル）、深沢トンネル（1105メートル）、大《おお》日《ひ》影《かげ》トンネル（1367メートル）を連続（近接）して設けていました。

このうち、横吹第二トンネルは、地形変動や著しい偏圧（荷重

最初に廃止された横吹第二トンネル。写真は、閉鎖された甲斐大和側の坑口。

が偏って作用する状態）によってトンネルの内部が変状し、崩壊する恐れが出てきました。そこで、1917（大正6）年、新横吹第二トンネル（254メートル）に切り替え、旧トンネルよりも断崖寄りに設けた新トンネルの入口（初鹿野側）へのアプローチのために、断崖の斜面に鉄橋を架けました。一方、新トンネルの出口（勝沼側）は、深沢トンネルの入口が旧トンネル（横吹第二トンネル）の出口と接近していたため、旧トンネルの出口に、並んで設けるしかありませんでした。

その後、1987（昭和62）年に国鉄を引き継いだJRが、防災の面から危険な場所の洗い出しを行ないます。その結果、1968（昭和43）年の複線化以降も下り線として使用していた断崖の斜面に鉄橋を架けた区間の廃止が決まり、新横吹第二、深沢、大日影の3つのトンネルは、廃止されることになりました。そして、複線化に伴い建設した上り線

断崖の斜面に架けた鉄橋を渡り、新横吹第二トンネルに向かう貨物列車。クレーン奥の白い建屋は、新横吹第二トンネルへのアプローチとなっている写真の区間を廃止するために建設中の新深沢第二トンネルの坑口。

用の新深沢トンネルと新大日影トンネルに並行して、新たに2つのトンネルをつくり、1997（平成9）年2月に、下り線を移設しました。

このとき下り線につくった2つのトンネルの名称は、すでに上り線のトンネルの名称に「新」が付いていたので、「新新」とするわけにはいかず、「新深沢第二トンネル」と「新大日影第二トンネル」としました。

1997（平成9）年の下り線の移設により、廃止となった深沢トンネル。上は、ふさがれてしまった甲斐大和側の入口。中央は、勝沼ぶどう郷側の出口で、内部は、トンネル内の気温がワインの貯蔵に適しているので、下のように、甲州市が運営管理するワインカーヴ（貯蔵庫）となっている。

なお、新旧の横吹第二トンネルは、仲良く並んで廃墟となっていますが、深沢トンネルと大日影トンネルは、勝沼町（現在の甲州市）へ無償譲渡され、甲州ワイン醸造を支えたインフラ施設の一環として、2007（平成19）年に近代化産業遺産に認定されました。

勝沼ぶどう郷側で坑口が並ぶ、新旧の横吹第二トンネル。左が、1917（大正6）年に廃止された横吹第二トンネル。右が、1997（平成9）年に廃止された新横吹第二トンネル。

深沢トンネルと新横吹第二トンネルとともに、1997（平成9）年に廃止された大日影トンネルの坑口。1903（明治36）年に開通したトンネルは、遊歩道として整備され、内部には、鉄道標識、待機所、水路などが、当時のまま残されている（2017年現在、閉鎖中）。

萬世永頼・永世無窮

１８６９（明治２）年に建設が決まった東西幹線鉄道のルートをめぐっては、中山道ルートと東海道ルートの陰に隠れて、甲州街道ルートは、候補にもあがりませんでした。しかし、新幹線の時代になって、東海道本線は往時の輝きをすっかり失い、中山道ルートの一部として検討された信越本線に至っては、多くの区間が第三セクターに転換されたこともあり、跡形もなく分断されてしまいました。それに対して中央本線は、今日でも建設当時の姿をとどめ、幹線鉄道としての重責を担っています。将来、リニア中央新幹線（→P308）が開業しても、影響は受けないと思われます。

このような重要路線で、笹子トンネルをはじめとする明治時代につくられたトンネルが、いまでも使われているのは、奇跡に等しいともいえます。

笹子トンネルの扁額には、工事に関係する「因地利」と「代天工」という文字が揮毫されていますが、建設から１１０年以上が経過しても、いまなお現役で、今後も活躍が期待されている現状を考えると、旧北陸本線の柳ヶ瀬トンネル（→P58）と葉原トンネル（→P215）の扁額に揮毫された「萬世永頼（万世永く頼む）」と「永世無窮（永世窮り無し）」こそがふさわしいのではないかと思われます。

笹子トンネルを抜け、甲府方面に向かう特急「スーパーあずさ」。いまでは、1日30本以上の特急列車が、笹子トンネルを通過している。

トンネル豆知識

扁額のいろいろ

トンネルのなかには、内閣総理大臣などの当時の実力者が、その完成を祝して揮毫した（書いた）扁額（↓P14）が掲げられているものもあります。そこに書かれた文字は、時代とともに変化してきました。

鉄道の黎明期にあたる明治時代前期には、トンネルとそこを通る鉄道の発展を祈念し、漢字の熟語が記されました。その文字には、日本の近代化に取り組んだ当時の人々の哲学を感じさせる趣があるといわれています。伊藤博文が揮毫した柳ヶ瀬トンネルの「萬世永頼」（↓P58）は、その代表例です。

日本のトンネル建設技術が飛躍的に向上した明治時代後期の扁額には、トンネルを完成させたことを誇る内容の熟語が記されました。笹子トンネルの「因地利」と「代天工」は、その一例です（↓P144・145）。

昭和初期や第二次世界大戦後に完成したトンネルのなかでも、北陸トンネル（↓P214）や青函トンネル（↓P226）のように、国をあげて建設に取り組んだトンネルには、扁額が掲げられています。しかし、単にトンネルの名称が記されるだけとなり、かつての趣はなくなりました。

現在の葉原トンネル。写真提供：福井県

葉原トンネル（北陸本線の旧線）に掲げられていた扁額。1896（明治29）年の開通を祝し、黒田清隆が揮毫した「永世無窮」は、「永世窮まり無し」と読み、「いつまでも終わることなく、この鉄路が役立つことを願う」という意味があるという。

5 昭和初期を代表するトンネル

清水トンネル・丹那トンネル・関門トンネル

この章では、明治時代にはトンネルの建設が不可能とされた奥深い山岳地帯や海底に、大正から昭和初期（戦前）にかけて計画や建設を進めた3つの代表的なトンネルを取り上げます。そして、初めて経験する難しい工事環境のもとで、日本のトンネル建設技術が進化した過程を中心に、振り返ります。

清水トンネル

破れなかった10000メートルの壁

清水トンネルは、群馬県と新潟県の県境に連なる谷川連峰の下を貫くトンネルです。このトンネルの完成で上越線が全通し、それまで碓氷峠の難所を通る信越本線（↓P83）を経由していた東京～新潟間のルートは、100キロメートル近く短くなりました。いまでは、上越新幹線の大《だい》清水トンネルと関越自動車道の関越トンネルにお株を奪われ、列車の運転本数が大きく減り、静かな余生を送っています。

雪に覆われた、群馬県側の清水トンネルの坑口。

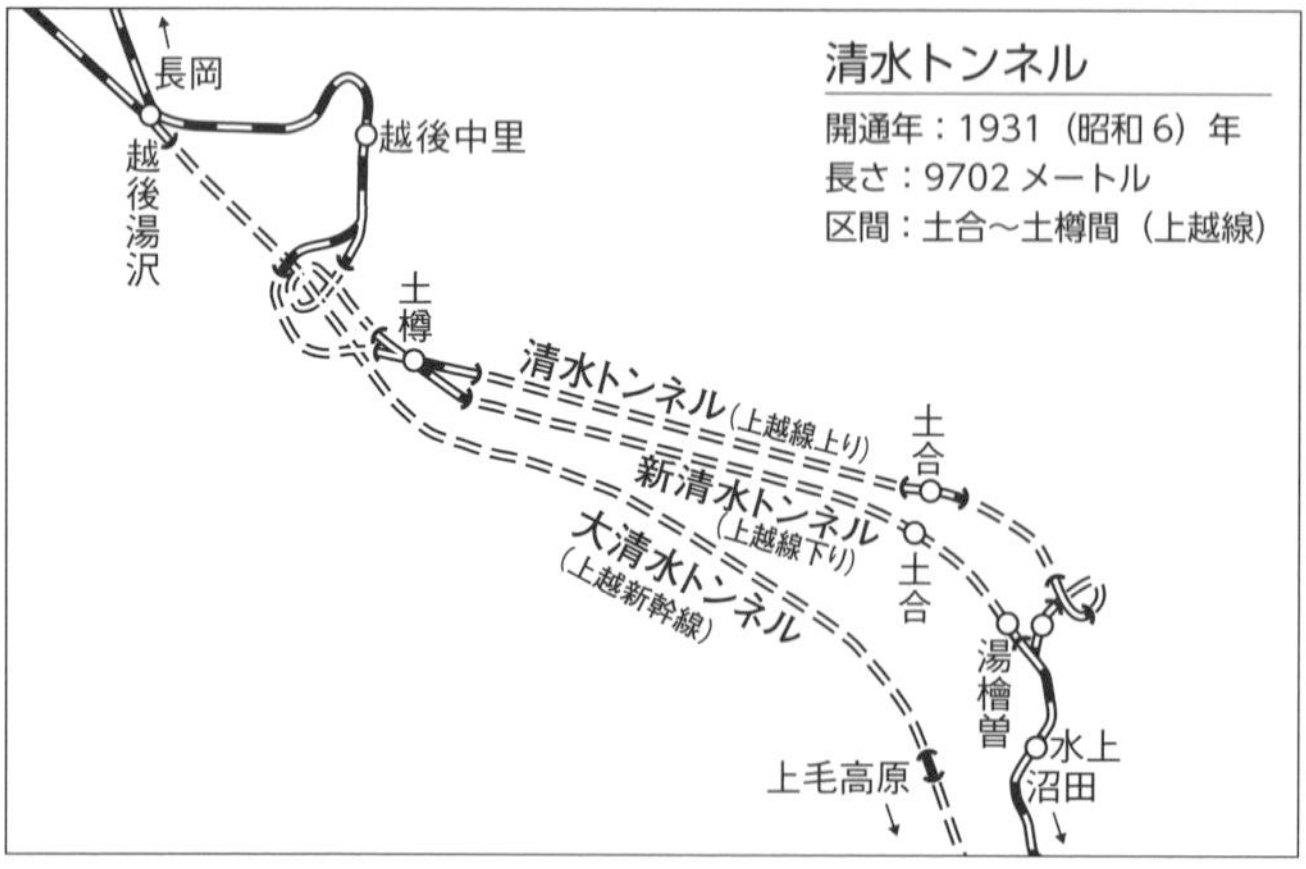

●完成までの経緯

上越線の建設まで

上越線の建設を最初に試みたのは、新潟市をはじめとした北越地方の有志が中心となり、1889（明治22）年に設立した上越鉄道会社です。前橋から沼田と長岡を経て新発田に至る鉄道の認可申請を、鉄道局に行ないました。ところが、ここでも、鉄道の国有化を主張する長官の井上勝（↓P50）に却下され、会社は解散しました。

1892（明治25）年に公布された「鉄道敷設法」で定めた国が建設する予定鉄道線路には、「新潟県下直江津又ハ群馬県下前橋若ハ長野県下豊野ヨリ新潟県下新潟及新発田ニ至ル鉄道」が掲げられましたが、1894（明治27）年、北越鉄道会社（↓P83）による直江津《なおえつ》～沼垂《ぬったり》（新潟市内）間の建設が決まると、前橋からのルートは削除されてしまいました。このため、北越地方の有志らは、上越鉄道会社を再び設立し、前橋～沼垂間の仮免許を得て、沿線地域の現地調査を実施しました。しかし、上越国境を通過する方策が見つからず、建設が困難なことを理由に、会社は再び解散してしまいました。

その後、新潟県小千谷町（現在は小千谷市）の町長をはじめとした17名による請願を受け、1916（大正5）年の第37回帝国議会では、上越鉄道の建設に関する建議案が提出され、可決されました。そして、翌1917（大正6）年の第40回帝国議会で、鉄道敷設法改正法律案と予算案が可決されると、「群馬県下高崎ヨリ新潟県下長岡ニ至ル鉄道」が第一期予定線路に追加され、

1918（大正7）年度から1925（大正14）年度までの8か年継続事業として、総額1608万円の予算措置が行なわれました（その後、予算は3663万円に増額され、工期は1930（昭和5）年度までに延長）。

上越線の建設工事

上越線の建設工事は、国鉄（官営鉄道）による直轄施工で行なうことになり、高崎から茂倉《しげくら》*までを東京建設事務所が、長岡から茂倉までを長岡建設事務所が、それぞれ管轄しました。便宜上、高崎～茂倉間を南線、茂倉～長岡間を北線とし、それぞれを10の工区に分け、工事を行なうことになりました。直轄施工で行なうことになったのは、第一次世界大戦後の労働力不足と人件費高騰に対処するため、工事の機械化を図ろうとしたところ、これに対応できる請負業者が見当たらなかったからです。とくに、谷川連峰の直下に設ける長大なトンネル工事に対しては、手をあげる業者はいませんでした。

工事は、北線の方が早く、1918（大正7）年12月に宮内から始まり、南線は、1年遅れて1919（大正8）年11月に高崎から始まりました。そして、1925（大正14）年11月、北線側が越後湯沢まで到達し、1928（昭和3）年10月、南線側が水上まで到達しました。

上越線の路線図

こうして、上越線の全線開通は、清水トンネルの完成を待つことになりました。

＊茂倉…トンネル入口から４・９キロメートルの地点（中央分水界が通過するあたり）で、のちに列車交換（行き違い）のための信号所が設けられた。

清水トンネルの設計

最初から難工事が予想された清水トンネルの設計で、「何を優先したのか」が重要なポイントですが、そのヒントは、上越線の複線化を目的に、１９６７（昭和42）年に開通した新清水トンネル（→P168）にあります。

下の図は、１９８２（昭和57）年に開業した上越新幹線の大清水トンネルも含めた上越国境の３つの鉄道トンネルの断面図ですが、清水トンネルと新清水トンネルの出口（土樽側）は、土樽駅の手前で並んでいます（写真→P17）。しかし、入口（土合側および水上側）は、清水トンネルの方が80メートルほど高い位置にあります。一方、トンネルの長さは、１３５００メートルの新清水トンネル

上越国境の３つの鉄道トンネルの断面図

※勾配の角度は、実際よりも大きく示している。

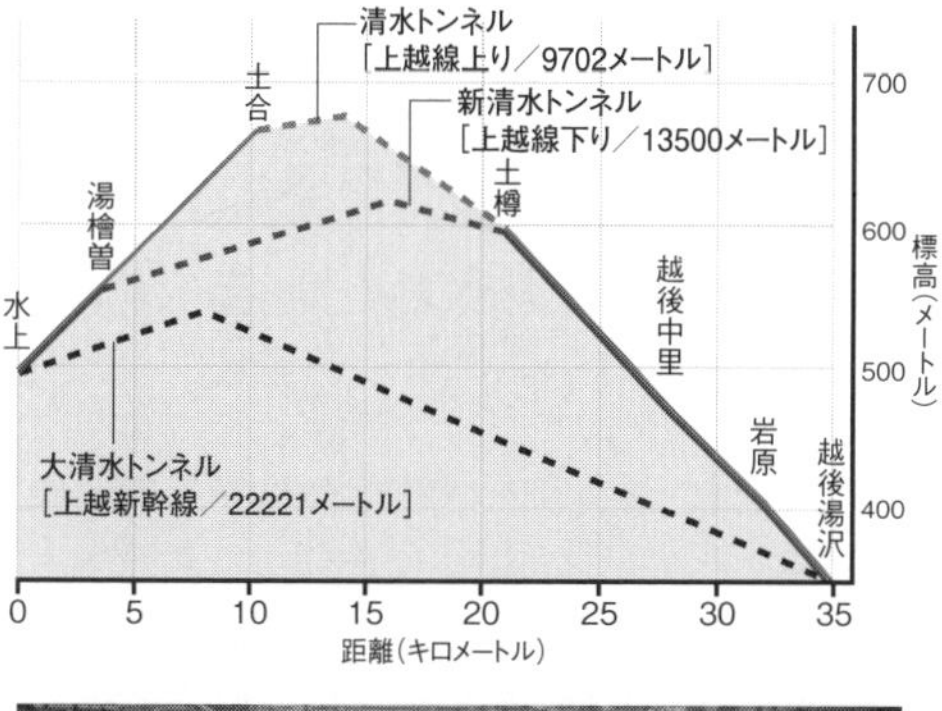

上越新幹線の越後湯沢駅に隣接する大清水トンネルの出口。上越国境の３本目の鉄道トンネルとなった。

が、９７０２メートルの清水トンネルよりも、３８００メートルほど長くなっています。

山の形は、山頂から山裾に広がっていくのが普通なので、山岳トンネルの場合は、トンネルを設ける位置を高くするほど、長さは短くなります。その反面、トンネルを設ける位置を高くするには、それだけ山を登らなければなりません。それが、清水トンネルと新清水トンネルの約80メートルの高低差と約３８００メートルの長さの違いになっているのです。

このことから、清水トンネルの設計にあたっては、トンネルの長さを１０００メートル以下にすることを優先したのではないかと考えられます。清水トンネルの設計を行なった大正時代の前半には、１０００メートルの長さのトンネルは、目標であり、壁でもあったことが予想されます。そうでなければ、１５６ページの路線図にもあるように、わざわざループ線*を設け、それを上ってトンネルで下るという線形にした説明がつきません。

また、清水トンネルを含む区間を、電気機関車による電気運転にするのか蒸気機関車による蒸気運転にするのかは、比較調査を行なった結果、多少費用がかかっても、将来の運転計画に有利だという判断から、電気運転になったといわれています。そうはいっても、９７０２メートルもの長さがあり、しかもその半分には１５・７パーミルの勾配があるトンネルに、蒸気機関車を通すという選択肢が本当にあったのかは、疑問が残ります。明治時代にできたトンネルの多くで、煙との格闘が行なわれていたことを考えると、あまりにもリスクの高い選択肢だったのではないでしょうか。

＊ループ線…勾配の緩和のため、線路を螺旋状に敷設した線形。

苦労した清水トンネルの工事現場への道のり

清水トンネルの工事は、南線側は１９２２（大正11）年５月に、北線側は１９２３（大正12）年５月に、それぞれ始まりました。

清水トンネルの工事にあたり、最初に直面した問題は、工事の起点となる群馬県側の土合と新潟県側の土樽が、どちらも交通の便がまったくない山間に位置していたことです。さらに、そのころの上越線は、南線は渋川まで、北線は越後堀之内までしか開業していなかったので、トンネル工事用の資機材の運搬や工事関係者への物資の輸送を行なう手段を考えなければならないことでした。

そこで、南線側では、渋川から沼田までは、東京電灯株式会社が運営する簡易な規格の軽便電気軌道を利用することになり、沼田から土合までは、県道の路面上に工事用の軽便鉄道を敷設することになりました。北線側では、越後湯沢までは、すでに整備されていた道路交通を利用し、越後湯沢から土樽までは、南線と同じく、工事用軽便鉄道を敷設することになりました。ところが、北線側は、線路を敷設する道路がなかったため、すべて専用軌道を建設しなければなりませんでした。

沼田〜土合間２６・５キロメートルの南軽便線は、１９２２（大正11）年５月に着工し、鉄道連隊*が演習を兼ねて施工したため、わずか５か月間で完成しました。越後湯沢〜土樽間９・５キロメートルの北軽便線は、同年９月に着工し、翌１９２３（大正12）年11月に完成しました。

＊鉄道連隊…鉄道の敷設を任務とした、かつての日本陸軍の部隊。

清水トンネルの工事

清水トンネルの工事は、同じ国鉄（官営鉄道）の組織であっても、南線を担当した東京建設事務所と北線を担当した長岡建設事務所とでは、工法がまったく異なりました。南線側の工事では、新しい工法や最新式の機器を積極的に導入しましたが、導入に先駆け、ちょうど南線で工事中だった棚下トンネル（津久田～岩本間）で、それらの実地試験を行ないました。一方、北線側の工事は、手掘りを基本とした、従来の伝統的な工法で行ないました。

北線側では、出口（土樽側）から1キロメートルほどの地点に、深さ33メートルの立坑（↓P38）をつくりました。これは、工事用の通気や換気の設備と考えられています。

トンネルの周辺の地質は、清水岩塊深成岩類という石英閃緑岩《せきえいせきりょくがん》や粗粒《そりゅう》花崗岩《かこうがん》からなる堅固な岩盤でしたが、断層を中心に、大量の地下水を含んでいました。このため、南線側では、初めて導入したベンチカット工法（↓P35）により、慎重に掘り進めました。しかし、大量の湧水が生じたため、本坑の横に、水抜き坑（↓P39）を別に設けました。清水トンネルの地下水は、丹那トンネル（↓P

清水トンネルの工事で導入した、新しい工法や最新の機器の実地試験の場となった棚下トンネル。上越線の下り線として、いまでも使われている。

172）にくらべると、たいした量ではありませんでしたが、水温が低かったため、作業員の体力を消耗させました。

湧水よりも、清水トンネルの工事で特徴的だったことは、前代未聞の土被り（↓P42）の深さでした。清水トンネルは、標高1978メートルの茂倉岳の直下につくることになったので、標高677メートルのトンネル最高地点でも、土被りが1300メートルに達しました。そのため、トンネルを掘る岩盤には、非常に強い地圧がかかり、落盤事故が再三発生し、多くの犠牲者を出しています。

また、切羽（↓P35）の押し出しは認められませんでしたが、掘削後しばらくしてから、岩壁が大きな音を発して割れて飛び散る「山はね」という現象が発生しました。山はねは、英語では"rock burst"といい、掘削に伴う盤圧（地圧）の開放で、急激に地層の一部を破壊する現象です。特定の地質で、土被りが750メートル以上あるときに発生するといわれています。日本のトンネ

清水トンネルの群馬県側の坑口と、その横に残る水抜き坑。工事のときの湧水に対応するために設けたが、いまでも、トンネル内の湧水を外に排出する役割を果たしている。

ル工事で、山はねが発生したのは、清水トンネル、新清水トンネル、大清水トンネルと、関越自動車道の関越トンネルだけだといわれているので、これは、谷川連峰の特異な地質が関与している現象といえます。

南線側と北線側の双方から行なった工事は、茂倉から約500メートル土樽寄りで貫通しましたが、最後の発破合図のボタンは、鉄道大臣が大臣室で押しました。この貫通地点では、南北双方から進めた導坑のズレが1インチ（約2・54センチメートル）ありましたが、「10キロメートル近くに及ぶ世界屈指の大トンネル工事の違差が1インチとは、技術の恥辱ではなく、むしろ誇りである」との見解により、この1インチのズレをそのまま残したといいます。

こうして、工事に9年の歳月をかけた清水トンネルは、1931（昭和6）年9月1日に開通しました。

●清水トンネルのその後

清水トンネルの特徴

清水トンネルは、川端康成の『雪国』の冒頭に登場しますが、新潟県側だけではなく、群馬県側も、豪雪地帯として知られています。通常、こうした豪雪地帯のトンネルでは、トンネル出入口付近の凍結やトンネル内の氷柱《つらら》が列車運行の支障になりますが、清水トンネルは、真冬でもトンネル内の温度が8度に保たれているので、問題になりませんでした。逆に、列車がトンネル内を走行している間に、電気機関車や客車・貨車の制輪子と車輪の間に付いた雪[*1]が溶けるので、乗務員は、トンネルを出てからの長い下り坂で、安心してブレーキ操作ができたそうです。

なお、清水トンネルを通る電気機関車には、板谷峠のような氷柱対策（↓P114）を行ないませんでした。それは、最初から電化することを前提に、天井を高くしたため、トンネルの出入口に氷柱ができたとしても、機関車には接触しなかったからです。

一方で夏は、外界がどんなに暑くても、トンネル内の温度は11度に保たれているので、乗務員は「上越のオアシス」とよび、トンネルに入るのを待ち遠しく思ったそうです。

ところで、鉄道の施設の保守や管理を行なう人々にとって、トンネル内での作業は、清水トンネルのように長いトンネルでは、作業面での支障が生じます。このため、トンネル内での保守作業の軽減を目的に、道床（↓P80）の砕石（砂利）の交換が不要な「コンクリート直結道床[*2]」を採用することにしました。

ところが、コンクリート直結道床を用いた実績がなかったので、ちょうどそのころ建設中だった花輪線（岩手県の好摩〜秋田県の大館間）の藤倉トンネル（645メートル／↓P23）を実験台にしてから、清水トンネルに導入しています。その結果、清水トンネルの9702メートルのうち、約37パーセントの3565メートルが、コンクリート直結道床になりました。これが前例となり、今日では、「長大隧道においては努めて無道床構造としなければならない」という規定が、軌道構造基準規程第42条にあります。

清水トンネルは、トンネル内に信号所を設けたのも特徴のひとつです。トンネル工事のときに南線側と北線側の境となった場所では、あらかじめ断面を拡げ、列車が交換（行き違い）できる用地を確保しました。そして、1943（昭和18）年になると、そこを茂倉信号所としました。これは、戦時体制下での運行に対応したものと考えられています。

信号所の正式名称は茂倉（シゲクラ）でしたが、一日中真っ暗な職場だったので、ここに勤務する職員たちは「モグラ」とよびました。モグラの勤務は、最大で12名の職員が二交代で行なっていましたが、地下1300メートルという職場環境もあり、体調を崩す人が続出しました。そこで、1949（昭和24）年には、信号の取り扱いを遠隔制御化し、茂倉信号所の無人化を図りました。

＊1 制輪子…鉄道車両などの車輪に押し付け、回転を停止または減速させるもので、ブレーキシューともいう。
＊2 コンクリート直結道床…コンクリート製の道床に、コンクリート短枕木を固定するか、直接レールを締結する軌道構造。

水上～石打間の列車運行

清水トンネルの開通で、水上～越後湯沢間は電化によって開業しますが、それ以前に開業していた越後湯沢～石打間も、電化されることになりました。しかし、この水上～石打間を除く上越線の多くの区間は、電化されることはなく、蒸気機関車による運転のままでした。

その後、高崎～水上間が電化されたのは1947（昭和22）年4月のことで、石打から長岡までが電化されたのも、その年の10月でした。電化の背景には、戦後の極度な石炭不足があります（↓

P112）。石炭の配給が制限されたため、板谷峠と同じく、苦肉の策で電化したのです。

清水トンネルの開通と水上～石打間の電化に伴い、この区間に投入されたのは、国産としては最初に量産化された電気機関車として知られるＥＤ16（➡Ｐ146）です。ＥＤ16は、同じ時期に電化された中央本線の浅川～甲府間にも投入されましたが、製造された18両のうち、13両が上越線に投入されたので、中央本線への投入は５両だけでした。そのため、すべて新車が投入された上越線に対して、中央本線は、東海道本線などから転用された古い電気機関車を加えての対応となりました。

戦後、輸送量が増大し、上越線の全線が電化されると、高崎～長岡間では、Ｆ形（動輪の軸の数がＤ形の４に対して６）の電気機関車が列車を牽引することになりました。ただし、急勾配区間の水上～石打間では、板谷峠でも使われていたＥＦ16（➡Ｐ114）を、補助機関車として最前部に連結しました。

清水トンネルの開通で、上越線に投入された ED16 形電気機関車。晩年は、青梅線などで活躍したが、写真の 14 号機は、廃車になるまで、上越線時代のスノープラウ（除雪装置）を装備していた。

上越線で、補助機関車として列車の先頭に連結された EF16 形電気機関車。

新清水トンネルの建設

1950（昭和25）年に勃発した朝鮮戦争に伴う特需景気に端を発し、日本が戦後の混乱期を脱して好景気になると、上越線の輸送量は年々増加しました。さらに、世の中が落ち着き、人々の暮らしが豊かになるにつれ、空前のレジャーブームが起きると、東京からそれほど遠くない上越線沿線には、スキー客や登山客が殺到し、上越線の輸送力が限界に達しました。そこで、1961（昭和36）年からの国鉄第2次5か年計画により、上越線の全線複線化が決定しました。

水上～越後湯沢間については、「10パーミル・22キロメートルのトンネル」によるA案、「20パーミルの腹付け線増方式（↓P116）」によるB案、「20パーミル・12キロメートルのトンネル」によるC案など、複数の案が比較検討されたといわれます。A案は、まさしく現在の上越新幹線のルートですが、この案が浮上した背景には、沼田ダム（↓P290）の建設計画がありました。結局、上越線の複線化工事と沼田ダムの建設計画は切り離して考えることになり、A案は論外となりました。ただし、この時点で、上越新幹線の大清水トンネル（22221メートル／↓P159）の長さを正確に示しているのは、とても驚くべきことです。一方、B案とC案の比較では、工事費が約90億円と約84億円で、6億円ほど安く、加えてトンネルの数が少なく、総延長も短いこともあり、最終的にC案で決定したとされています。

新清水トンネルの出口（土樽側）は、清水トンネルと並んで設けましたが、入口（水上側）は、湯檜曽温泉街の手前の山腹に設けたので、入口の標高は、清水トンネルよりも約80メートル低くなっています（→P159）。トンネル内の勾配は、入口から3分の2が6～7パーミルの上りで、残り3分の1が3パーミルの下りなので、ほぼ水平になっています。

工事は、3つの工区（湯檜曽、土合、土樽）に分け、1963（昭和38）年9月に始まりました。難工事となったのは第2工区（土合）で、やはり、湧水と山はね（→P163）に悩まされました。また、第1工区（湯檜曽）では、52度の温泉が噴出したため、坑内の温度が35度に達して作業に支障が生じたほか、温泉街の湯量が減ってしまいました。

新清水トンネルの入口（左）と湯檜曽駅の上り線のホーム（右）。下り線のホームは、トンネル内にある。

新清水トンネルでは、湯檜曽駅と土合駅が、国鉄初のトンネル内の駅になりました。

上越線開通時の湯檜曽駅は、列車の交換（行き違い）を本来の目的としていたので、平坦な場所が確保できた土手の上にありました。その後、周辺でスキー場や温泉の開発が進み、普通列車の電車化によって勾配の途中でも駅の設置が可能になったため、複線化にあわせて、土手の下の集落近くに移転することになりました。しかし、スペースの関係から、下り線のホームはトンネル内に設け、上り線のホームは、新清水トンネルの入口近くの外に設けることになりました。

一方、下り線の土合駅は、従来の土合駅から約４００メートル離れた地底80メートルのトンネル内に設けました。そして、下り線のホームと駅舎は、４６２段の階段がある地下通路と１４３メートルの地上通路で連絡しました。そのため、現在の土合駅は無人駅ですが、駅員を配置していたころは、下り列車の発車時刻の10分前に、改札を打ち切ることになっていました。

新清水トンネルの工事は、決して簡単ではありませんでしたが、清水トンネルの半分以下となる４年の工期で完成

トンネル内にある、土合駅の下り線ホーム。かつては停車中の列車を追い越す線路があったので、駅構内のトンネル断面は、幅 12.7 メートル、高さ 7.4 メートルあり、当時の国鉄では、最大のトンネル断面積だった。

土合駅の下り線ホームと駅舎を結ぶ連絡通路。かつては、列車から降りたスキー客や登山客が一斉に殺到していたため、幅が５メートルあり、階段部には、将来的にエスカレーターを設置するスペースがある。１日乗降人員が 22 名（2011 年実績）となってしまった今日では、持てあまし気味。

し、1967（昭和42）年10月に開通しました。トンネルの長さは13500メートルとなり、35年前の清水トンネルでは越えられなかった1000メートルの壁をたやすく越えましたが、当時は日本最長だった北陸トンネル（→P214）には、わずか370メートル届きませんでした。

清水トンネルの現状

1982（昭和57）年に上越新幹線が開業すると、上越線は、新幹線を補完するローカル線のような存在となりました。さらに、スキーブームや登山ブーム、温泉ブームが去り、観光輸送の需要も減り、かつてのにぎやかさはなくなってしまいました。

上越新幹線の建設が、「整備新幹線（→P276）が建設された場合の並行在来線を第三セクターの運営とする」という規定が制定される前だったため、上越線は、いまでもJRが運営しています。しかし、清水トンネルと新清水トンネルを通る水上から越後中里にかけての区間では、1日5往復の普通列車（定期列車）が走っているだけです。また、関越自動車道の開通により、貨物輸送もすっかりトラックにお株を奪われ、いまや物流面での大動脈としての面影はありません。こうした列車密度の低さから、老朽化した清水トンネルを廃止して、水上～越後中里間を単線化するという噂もあるくらいです。

日本の経済発展に寄与し、豊かになった国民のレジャーを支えてきた清水トンネルにしては、何とも寂しい現状です。

丹那トンネル

15年間に及んだ難工事

静岡県東部の伊豆半島の付け根にある丹那盆地の下には、首都圏と名古屋圏や大阪圏を結ぶ大動脈を担う、東海道本線の丹那トンネルが東西に横断しています。地質が不良で湧水がひどく、工事は難航しましたが、このトンネルの完成で、従来の箱根越えの難所は解消し、東海道本線の11キロメートルほどの短縮とともに、輸送力の増強が実現しました。

丹那トンネルを抜け、熱海に向かう東海道本線の普通列車。

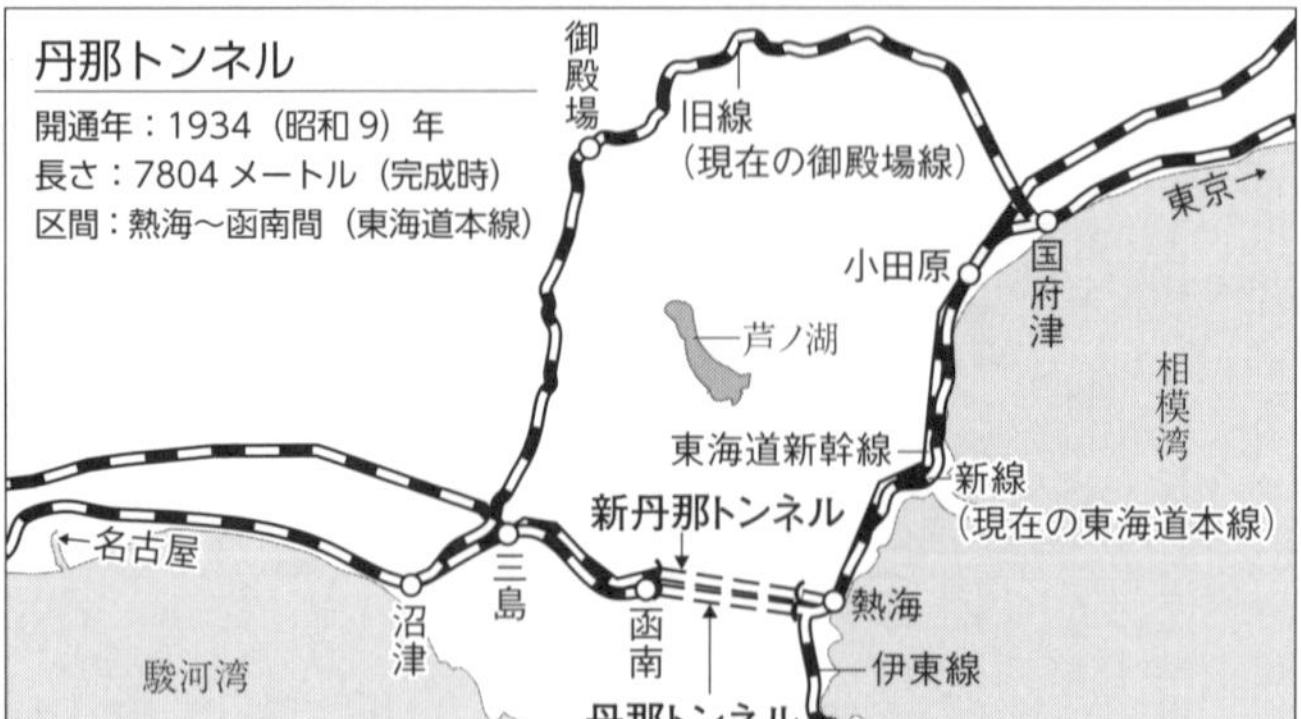

着工までの経緯

箱根越え

江戸時代に整備された東海道は、関所が設けられた箱根を越えるルートでした。箱根は、「箱根の山は、天下の嶮《けん》」という歌い出しで知られる唱歌『箱根八里』にもあるように、険しい山が連なるところです。

明治維新を経て、東京と京都を結ぶ東西幹線鉄道（↓P50）の建設が計画されることになりますが、1886（明治19）年、当初予定していた中山道ルートが東海道ルートに変更されます（↓P76）。すると、この箱根越えのルートの建設は、急峻な山道を行く江戸時代の東海道をたどるのではなく、箱根外輪山の外側を回り、国府津《こうづ》から御殿場を経由して沼津に至るルート（現在の御殿場線）で進めていくことになりました。

1889（明治22）年、現在の東海道本線が新橋〜神戸間で全通すると、この箱根越えのルートは、大垣〜米原間の伊吹越えと、膳所《ぜぜ》〜京都間の逢坂《おうさか》越え（逢坂山トンネル／↓P50）とともに、難所のひとつになりました。それは、酒匂川《さかわがわ》と鮎沢川の渓流に沿ってトンネルと橋梁が数多く存在し、御殿場をサ

箱根越えに使われた、マレー式蒸気機関車9850形。

ミット（最高地点）とした両側に25パーミルの急勾配が延々と続いていたからです。そのため、大雨による川の氾濫や土砂崩れにより、橋梁の流出や長期間の不通が相次ぎ、7か所あるトンネルでは、箱根越えのために投入した大型のマレー式蒸気機関車（↓P112）から排出される大量の煤煙で、乗客も乗務員も苦しみました。

新線建設の経緯

1890年代の後半になると、東海道本線の輸送量は劇的に増大します。しかし、国府津～沼津間は、運転速度が遅く、線路容量（↓P71）が不足していました。そこで、早くも1901（明治34）年には複線化されましたが、それでも輸送力不足は解消できませんでした。

この状況を打開するために、鉄道院総裁の後藤新平は、1909（明治42）年に別ルートによる新線建設の可否の調査を指示します。それを受けた鉄道院の復命書には、技術の発達に伴い、丹那盆地を貫通するトンネル建設は可能であり、湯河原や熱海を経由することで、温泉地への旅行者が利用し、それが増収に結びつくということが記されていました。

このため、1911（明治44）年には、現地の測量調査を実施し、1913（大正2）年には、小田原から熱海までの熱海線と丹那盆地のトンネル工事を指揮する建設事務所を、新橋駅の構内に設置しました。しかし、多額の費用を要する事業に対して、政府部内から反対意見が噴出し、熱海に別荘を持つ後藤新平に対する公私混同疑惑が持ち上がったこともあり、工事は中止になりました。

その後、総裁に就任した仙石貢《せんごくみつぐ》は、この計画を復活させ、1918（大正7）年には予算が認められ、工事を行なうことになりました。トンネル工事を含めた工期は7年間と見積もられ、熱海線の完成予定は、1925（大正14）年でした。

電化が前提ではなかった丹那トンネル

鉄道院の復命書の文言から、その時点で最長だった笹子トンネル（4656メートル／➘P134）を大幅に上回る長さのトンネルをつくることを妨げてきたのは、ひとえに、技術的な問題だったことがわかります。7000メートルを超えるトンネルを蒸気機関車が通過することへの懸念は、そこには示されていませんでした。むしろ、丹那トンネルを、単線断面の並列（2つの単線トンネル）ではなく、複線断面（1つの複線トンネル）で設計したのは、排煙効果を高めるためだったという説もあります。

その一方で、1919（大正8）年に打ち出された重点国策として、石炭資源の確保と河川の水力発電所の開発が掲げられたため、鉄道院は、幹線やトンネル区間の電化を促進する方針を固めます。その結果、1925（大正14）年には、東海道本線は国府津まで電化され、3年後の1928（昭和3）年には、国府津〜熱海間が電化されています。

こうして見ると、丹那トンネルの場合は、当初から電気運転を前提としていたわけではなく、計画の途中で電化に変更したと考えられています。

●完成までの経緯

着工

丹那トンネルは、設計と監督を鉄道院で行ないましたが、施工はすべて、民間業者に委託することになりました。1917（大正6）年には、入口側（熱海側）を鉄道工業会社が、出口側（函南《かんなみ》側）を鹿島組（現在の鹿島建設）が受託し、工事を行なうことになりました。この翌年の1918（大正7）年に始まった清水トンネル（→P156）の工事をすべて直轄で行なったのとは、対照的でした。

工事は、1918（大正7）年3月21日、熱海側の入口予定地で起工式を行ない、始まりました。当初の予定では、笹子トンネルの工事で効果を発揮した電力の利用により、照明や削岩機を導入することになっていました。ところが、第一次世界大戦後の電力価格の高騰に伴い、電力供給会社との間で合意に至らず、丹那トンネルの工事は、カンテラ照明にツルハシを使用した原始的な手掘りや、牛馬によるずり（→P97）の運搬といった、20年前に逆戻りしたような作業方法でスタートしました。

工事現場に電力が供給されなかったのは、民間業者への委託工事だったことが影響したとも考えられますが、その後、大戦景気の反動もあって大不況となり、電力価格が下がったため、1921（大正10）年には、電力が供給されるようになりました。その結果、電灯が使えるようになり、電気機関車を用いたトロッコ運搬のほか、圧縮空気を使った削岩機の導入が実現しました。

なお、このころは、複線断面のトンネル工事の前例がほとんどなかったはずですが、当時の具体的な掘削方法に関する詳細な記録が見つからないため、どのような掘り方をしたのかは不明です。しかし、清水トンネルの工事で初めてベンチカット工法（↓P35）を試みたということからも、このころは、掘削工法を選べるような時代ではなく、伝統的な底設導坑先進工法（↓P36）で掘っていたと思われます。

地質

笹子トンネルの工事では、事前に地質学者の協力を得て地質の綿密な調査を実施し、掘削に適した場所を選んでトンネルの位置を決定しています。一方、丹那トンネルの工事では、そのような調査を行なった記録はありません。

トンネル付近一帯は、箱根山から続く火山帯なので、地山（↓P30）を構成するのは、火山帯特有の「温泉余土」でした。温泉余土は、安山岩質溶岩と集塊岩が、温泉や噴気の熱によって分解され、変質してできた粘土鉱物で、水分を含むと、異常な力で膨張し、流動化する性質があります。このため、温泉余土でできた硬い地層は、掘り進むときには問題はありませんが、掘ったあとで空気中の水分を吸うと、鉄製の支保工（↓P40）を曲げるほど膨張し、さらに湧水によって溶けてしまうため、最悪の場合、トンネルの崩壊を招く恐れがありました。

また、地層の中には、固結していない砂層が存在していて、そこには、大量の地下水が滞留していました。このことは、当時、トンネル上の丹那盆地で、豊富に湧き出る地下水を利用し、多くの水田やワサビ沢が営まれていたので、容易に想像できたはずです。

さらに悪いことには、トンネルを掘る場所には、「丹那断層」とよばれるA級活断層が横切っていました。活断層は、未固結な礫や砂が介在し、そこに大量の地下水を含んでいるため、トンネル工事では、最も危険な存在です。

こうして見ると、トンネル工事にとって最悪の地質であることを知ったうえで工事を敢行したとしか考えられません。そして、7年の予定だった工期が倍以上の15年になってしまった原因のすべては、この地質にあったのです。

湧水

丹那トンネルの工事は、湧水との闘いだったといわれるほど、噴出した地下水は、すさまじい量でした。導坑の先端が、荒砂層や断層に遭遇するたびに、砂混じりの大量の水が湧き出しました。工事関係者の間では、1秒間に1立方フィート（1フィートは約30・48センチメートル）の水が出ることを「1個」と称しましたが、湧水で苦労したといわれる清水トンネルが10個ほどだっ

1925（大正14）年5月の湧水で、出口（函南側）に流れ出た地下水。水の勢いは、天竜川よりも激しいといわれた。

写真提供：鹿島建設株式会社

たのに対し、丹那トンネルでは、多い時には120個以上の水が出ました。このため、豪雨のように噴き出す水が1メートル以上の深さで坑内を流れる様子は、まさに激流そのものでした。

とにかく、湧き出し続ける地下水を処理しなければ工事ができないので、トンネルに沿って排水用の別のトンネルを掘り、トンネルの壁面に水抜き坑（↓P39）を設け、そこから坑内の地下水を排出することにしました。水抜き坑は、網の目を張るように掘られましたが、途中からは本坑に先行して掘られるようになったため、その点では先進導坑（↓P39）とよぶべきかもしれません。この水抜き方法は、「丹那方式」とよばれ、さっそく清水トンネルの工事でも応用しています。

トンネル内に設けた水抜き坑。その総延長は、14500メートルを上回ったという。　写真提供：鹿島建設株式会社

湧水を抑える対策としては、圧搾空気掘削工法（↓P37）とセメント注入工法を、日本で初めて導入しました。圧搾空気掘削工法は、略して「圧気工法」ともよばれますが、坑内の掘り進む場所を密閉したうえで、内部の気圧を高めることにより、地下水の湧き出しを抑制する工法です。この圧気工法は、高気圧状態での作業となるため、作業者の体への負担が大きく、入坑前の健康チェックや出坑時の減圧処置が欠かせず、1日の作業時間の制約もあります。一方、セメント注入工法は、ミルク状のセメント（セメントミルク）を、圧縮空気によっ

て水の湧き出す岩石や土砂の中に吹き付け、固めて塞いでしまう工法です。

トンネル工事の終盤になると、湧水の量が減少してきましたが、これは、こうした工法により、湧水の噴出を抑えられたからではなく、丹那盆地の地下に長年に渡って蓄積された地下水が、ついに枯渇したからです。執念と意地で掘った水抜き坑の総延長は、実に本坑の2倍以上に達したといわれます。また、水の総排出量は、6億立方メートルに及んだといわれ、芦ノ湖の3倍にあたる水量でした。

その一方で、トンネル上部の丹那盆地では、湧水が出なくなり、水田やワサビ沢が枯れてしまう深刻な事態となりました。そのため、被害を受けた農家に対して、金銭または代替農地による補償を行ないました。その後も、丹那トンネルからは大量の地下水が抜け続け、丹那盆地に広がっていた水田やワサビ沢は全滅してしまい、いまでは宅地になっています。

トンネル崩落事故

丹那トンネルの工事では、大きなトンネル崩落事故が2件ありました。

1件目の事故は1920（大正9）年4月のことで、入口から270～300メートルの地点で、支保工をコンクリートで巻き立てているときに本坑が突然崩落し、25名が犠牲になりました。この事故は、温泉余土で構成された岩盤が、空気中の水分によって膨張し、支保工を破壊したのが原因でした。そこで、これまで松などによる木製だった支保工に、鉄製のものを導入することにしました。

2件目の事故は、1923(大正12)年2月、出口から約1500メートルの地点の断層を通過する工事の最中に起こり、大量の土砂と地下水が作業員を300メートル近く押し流し、16名全員が死亡しました。

これら2件の事故は、掘削してから支保作業に移行する途中に起きたため、断層などの軟弱な地質の場所を掘り進むときには、支保工の代わりに、あらかじめ用意した金属製の筒を挿入する工法を試みることにしました。なお、この金属製の筒を「シールド」とよびます。そのため、丹那トンネルの工事で初めてシールド工法(→P43)を導入したという説もありますが、一般的には、シールドマシンを使った工法がシールド工法と考えられています。

さすがに、大きなトンネル崩落事故が2回発生し、多くの犠牲者を出すと、「工事計画に無理があるのでは」「事前の調査が不十分ではないのか」といった疑問の声が世論をにぎわし、「トンネル工事を中止して国府津~沼津間を電化すべき」という意見も出る始末でした。

工事中に起きた二度の大地震

丹那トンネルの工事は、途中、二度の大地震に見舞われています。

一度目は、1923(大正12)年9月1日に起きた関東地震(関東大震災)です。この地震により、小田原周辺の東海道本線には甚大な被害が出ましたが、なぜか工事中の丹那トンネルには、ほとんど被害は出ませんでした。

二度目は、１９３０（昭和５）年11月26日に起きたマグニチュード７・３の北伊豆地震です。この地震は、過去に数百回の地震を起こしている丹那断層という活断層を震源とした地震です。地震は、まさにこの断層を、出口（函南側）から３６００メートルほどの場所で掘り進めているときに発生しました。この地震により、付近の支保工が１００メートルに渡って崩壊し、５名の作業員が即死しました。また、地震で断層が２・５メートルほど動いたため、熱海側からの本坑の位置と函南側からの本坑の位置にズレが生じてしまいました。そのため、すべて直線で設計していたトンネルが、この部分では、微妙なＳ字カーブになりました。

完成

着工から15年が経過した１９３３（昭和８）年６月、東西からの水抜き坑の先端どうしの間隔が５メートルになったことを確認し、貫通式を行ないました。発破合図のボタンは、鉄道大臣が大臣室で押しました。

本坑が貫通したのは、その年の８月25日で、内装工事を経て、鉄道省が完成を宣言したのは、１９３４（昭和９）年３月でした。その後、レールの敷設と電化工事を行ない、同年12月１日、丹那トンネルを含めた熱海〜沼津間が全通しました。

これにより、熱海ルートが東海道本線となり、旧線の名称を御殿場線としました。それとともに、従来の三島駅を下土狩駅に改称し、熱海〜沼津間には、函南駅とともに、新しい三島駅を設けました。

丹那トンネルの入口には、開通時の鉄道大臣が揮毫した「丹那隧道《ずいどう》」の扁額が中央に掲げられ、その両側には、着工と開通を皇紀年で示した「２５７８」「２５９４」の数字が付けられています。また、この入口の上には、工事で犠牲になった67名の殉職碑が建立されています。

これに対して、出口には扁額はなく、出口側からの工事を請け負った鹿島組が、自社の犠牲者36名のために建立した慰霊碑があるのみです。

完成時のトンネルの長さは７８０４メートルです。予定どおり7年の工期で完成していれば、一時でも日本一の長さとなりましたが、工事が遅れたため、１９３１（昭和6）年に完成した清水トンネル（９７０２メートル）に次ぎ、二番手の地位に甘んじることになりました。しかし、工事の難易度という点では、いまでも日本一のトンネルかもしれません。

丹那トンネルの入口の上にある殉職碑。67 名の殉職者の名前が刻まれている。

丹那トンネルの扁額と、その左右に記された数字。

新丹那トンネル

戦前の弾丸列車計画

新丹那トンネルは、1964（昭和39）年に開業した東海道新幹線のトンネルです。しかし、意外なことに、着工は1941（昭和16）年8月です。それには、戦前の「弾丸列車計画」が、深くかかわっています。

1931（昭和6）年に満州事変が勃発し、翌1932（昭和7）年、関東軍が満州国を樹立すると、軍部を中心に、東京と関釜連絡船が発着する下関との間で、輸送力の増強と運転時間の短縮を求める声が高まりました。それは、下関と釜山を結ぶ関釜航路を介して、当時の日本が植民地としていた朝鮮半島を走る朝鮮総督府鉄道とともに、南満州鉄道と連絡することを考えていたからです。

そこで1939（昭和14）年、勅令によって

南満州鉄道が、大連～ハルビン間で運行していた超特急「あじあ」の絵葉書。

提供：日本貿易振興機構 アジア研究所図書館

「鉄道幹線調査会」を鉄道省内に設立すると、「東京〜下関間の新幹線（当時の資料にこの名称が記載されている）計画」の骨子を定めました。その内容は、軌道を広軌とし、運転方式を蒸気機関車による動力集中方式にするというものでした。

広軌は、世界的には標準軌といわれている軌間（線路幅）１４３５ミリメートルのことです。朝鮮総督府鉄道と南満州鉄道が、この軌間を採用していたため、関釜航路を介して、客車や貨車の直通運転を行なうには、新幹線も広軌にする必要がありました。一方で、運転方式は、鉄道省の主張する電車を使った動力分散方式に対し、送電線を攻撃されると運転不能になると軍部が反対したため、蒸気機関車を使った動力集中方式となりました。ただし、都市部だけは電化し、電気機関車による牽引としました。

なお、動力集中方式は、動力装置を持つ機関車が、動力装置を持たない付随車（客車や貨車）を牽引する方式で、動力を機関車に集

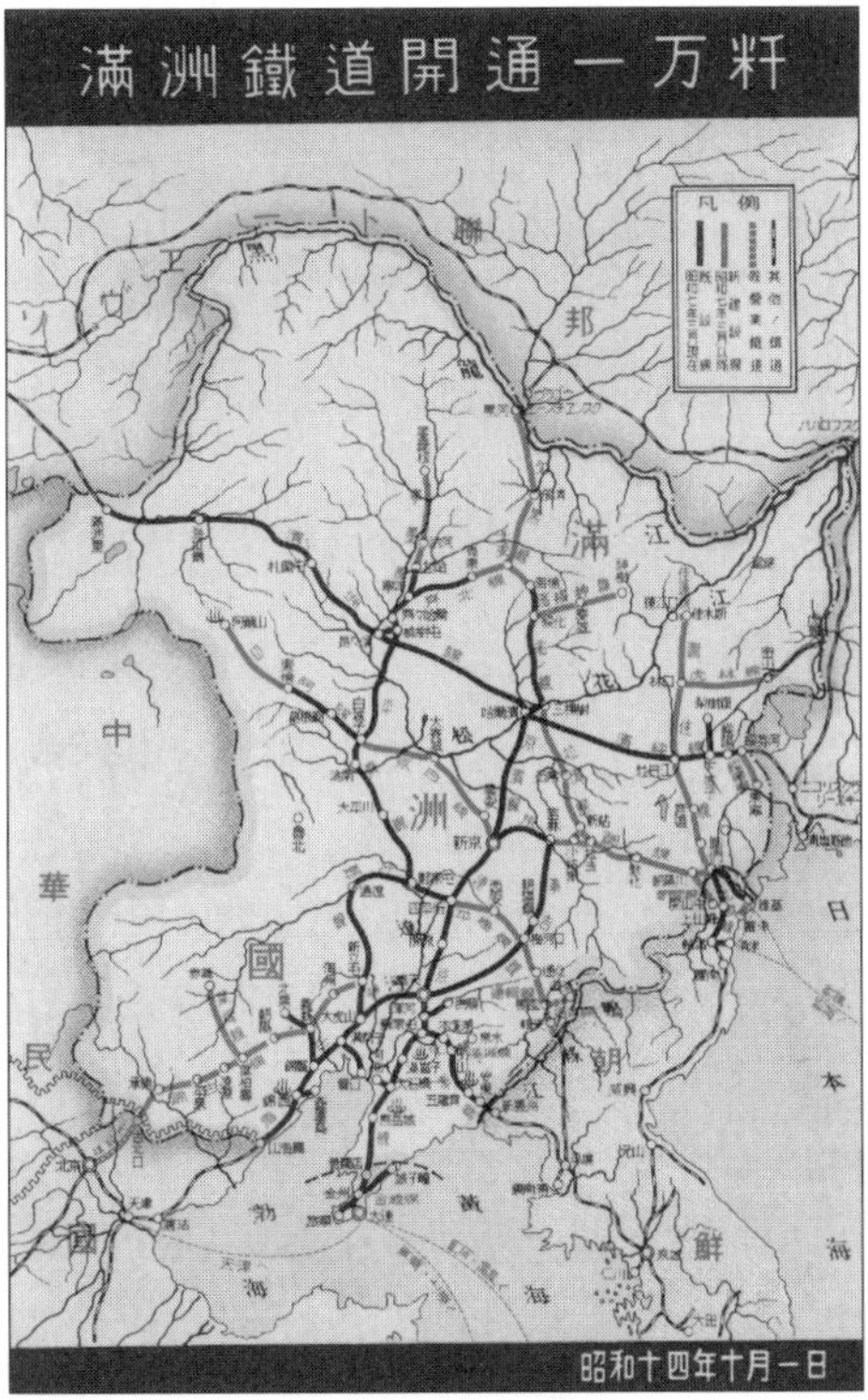

南満州鉄道が運営する路線を記した絵葉書。弾丸列車計画は、朝鮮半島を経由し、これらの路線との連絡を考えていた。

提供：日本貿易振興機構 アジア研究所図書館

中した旅客列車や貨物列車が、それに該当します。また、動力分散方式は、電車のように、動力装置を持つ車両と持たない車両を分散して連結し、列車を運行する方式です。

その後、1940（昭和15）年になると、「東京～下関間新幹線建設基準」が作成され、1954（昭和29）年までの15か年に渡る「広軌幹線鉄道計画」が、帝国議会で承認されました。この計画は、電気機関車と蒸気機関車の最高速度を、それぞれ時速200キロメートルと時速150キロメートルに定めたもので、世間からは「弾丸列車計画」とよばれるようになりました。

こうしたことから、1941（昭和16）年に用地買収が始まりますが、時間を要するトンネル工事を先に行なうことになります。そのため、静岡県の日本坂トンネルと京都府の東山トンネルとともに、新丹那トンネルの工事が始まったのです。

ところが、戦況の悪化から、1943（昭和18）年に弾丸列車計画は中止となり、新丹那トンネルの工事も中止となりました。

戦後の東海道新幹線の建設

戦争が終わり、日本が敗戦の混乱を乗り越えると、東海道新幹線の計画が立ち上がりました（↓P274）。そして1959（昭和34）年、東海道新幹線の建設が始まると、新丹那トンネルの工事も再開します。

この時点で、新丹那トンネルの導坑は、入口（熱海側）から650メートル、出口（函南側）から1400メートル掘られていて、本坑は、それぞれ300メートル掘られていました。

新丹那トンネルは、丹那トンネルの約50メートル北側に近接して建設することになりましたが、それは、たいへん苦労した丹那トンネルの工事でつくった水抜き坑を、再利用するためでした。しかし、実際の工事では、戦前の丹那トンネルの工事によって丹那盆地の地下水がほぼ枯れてしまったため、大量の湧水に苦しむことはありませんでした。

また、丹那断層については、北伊豆地震のような大地震を起こす周期が700～1000年だということが判明したため、問題はないと判断しました。

こうして、7959メートルの新丹那トンネルは、すでに湧水との闘いが終わっていたこともあり、丹那トンネルの3分の1以下の4年4か月で完成しました。それでも、工事による犠牲者は21名に達し、簡単なトンネル工事などないことを、あらためて痛感させられることになりました。

新丹那トンネルを抜け、東京方面に向かう東海道新幹線「のぞみ」。

関門トンネル

日本初の海底トンネル

関門トンネルは、本州と九州を結ぶ海底トンネルです。掘る場所の地質にあわせて、シールド工法、開削工法、潜函工法、圧気工法など、さまざまな工法を駆使し、当時の技術を総動員することで、第二次世界大戦中に完成しました。このトンネルのおかげで、人や荷物（貨車）の連絡船への乗り換えや積み換えが必要なくなり、本州と九州の行き来が、とても便利になりました。

関門トンネルを抜け、九州に上陸する貨物列車。

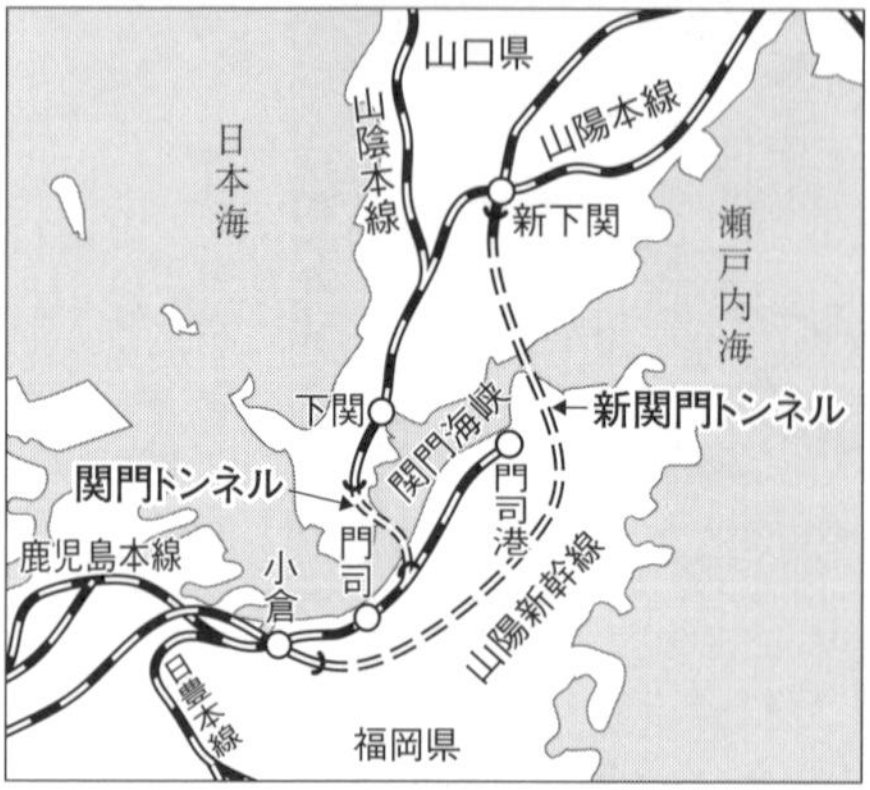

関門トンネル

開通年：1942（昭和 17）年
長さ：3605 メートル（上り）、
3614 メートル（下り）
区間：下関〜門司間（山陽本線）

●建設に向けて

トンネル建設の経緯

関門トンネルができるまで、本州と九州を連絡する交通手段は、おもに山陽汽船でした。これは、1898（明治31）年に就航し、山陽鉄道の徳山駅と九州鉄道の門司駅（現在の門司港駅）を結んでいました。その後、1901（明治34）年に山陽鉄道が馬関（のちの下関）まで延伸すると、馬関～門司間には、山陽鉄道直営の連絡船が就航しました。この関門連絡船は、1906（明治39）年の「鉄道国有法」に伴い、国鉄（官営鉄道）による運航となりました。

関門連絡船による貨物輸送は、貨車から取り出した荷物を船に載せ、対岸で別の貨車へ積み込む方式でした。そのため、石炭や砂利は運べないというように、輸送できる荷物に制限がありました。そのうえ、荷役費や荷物の損傷に対する賠償費など、多額なコストを要していました。

その後、1911（明治44）年になると、貨車ごと船に積み込む方式に変更され、関門間の貨物輸送は飛躍的に改善されることになります。しかし、船舶による輸送では、貨車の積み込みや積み下ろしに時間と手間を要し、旅客も乗り換えの不便を強いられました。また、悪天候による欠航もたびたび発生したので、鉄道院総裁の後藤新平は、1911（明治44）年に、船舶によらない鉄道の連絡方法を検討する調査会を発足させ、橋梁方式とトンネル方式の両方で、調査を行なうことになりました。

調査の結果、橋を架ける場合は、海峡の幅が600メートル弱と最も狭い「早鞆《はやとも》の瀬戸」が適所とされ、総工費は2142万円と見積もられました。一方、トンネル方式では、海底トンネルの位置が深くなると、トンネル全体が長くなるか、勾配が急になるかのどちらかなので、こちらは、水深27メートルの早鞆の瀬戸ではなく、海峡の幅は約1100メートルと広いものの、水深が14メートルと浅い「大瀬戸」が選ばれました。そして、総工費は、単線で668万円、複線で1300万円と見積もられました。ただし、両者の比較では、トンネルまでの取り付けルート（到達ルート）の関係で、早鞆の瀬戸に橋を架ける場合は、下関駅を経由できず、大瀬戸にトンネルを掘る場合は、門司駅（現在の門司港駅）を経由できないことが課題となりました。

これらに基づき、最終的な比較検討を行なった結果、戦争で敵国から攻撃されたときには橋梁は不利という軍部の意見もあり、建設費の安い大瀬戸にトンネルを掘ることに決まり、総額1816万円の10か年継続予算が、議会で承認されました。それは、後藤新平が調査会を発足させてから8年が経過した、1919（大正8）年のことでした。

大瀬戸の海底地質調査は、翌1920（大正9）年に始まりましたが、第一次世界大戦後の好景気から一転して大不況に陥り、物価の急騰によって当初予算での竣工が不可能になりました。さらに、1923（大正12）年の関東大震災の復興に多額の費用を要することになったため、関門トンネルの建設予算は、いったん白紙に戻ることになりました。

その後、1930（昭和5）年になると、日本は昭和恐慌を乗り越え、経済が回復する兆しが見えてきたため、関門間の連絡船で航送する貨車の数が激増し、輸送能力は限界に近づいてきました。そうしたことから、鉄道省内では関門トンネル建設の気運が再び盛り上がり、鉄道大臣が閣議決定を得て、1935（昭和10）年の帝国会議では、「関門連絡線新設費」の名目で、総額1612万円、4か年継続事業が承認されました。

こうして、翌1936（昭和11）年9月、後藤新平が調査会を発足してから25年の歳月を経て、関門トンネルの工事は始まりました。

山口県側から見た、現在の関門海峡。関門橋の下（手前）が早鞆の瀬戸で、関門トンネルが建設された大瀬戸は、写真の右奥。

写真提供：一般社団法人 山口県観光連盟

1907（明治40）年ごろに、下関市唐戸と門司港の間を結んでいた、関門汽船の「宝安丸」。国鉄の関門航路は1964（昭和39）年に廃止されたが、関門汽船は、いまでも関門連絡船を運航している。

写真提供：関門汽船株式会社

かつての関門連絡船が発着した門司駅。現在は門司港駅となり、建物は、重要文化財に指定されている。

写真提供：公益社団法人 福岡県観光連盟

関門トンネルの基本計画

山岳トンネルでは、地形の関係で、トンネル内に勾配を設けざるを得ないことが多々あります。その場合は、一方的な片側勾配となるか、トンネル内のある地点を最高点とする「逆V字型」になります。これには、トンネル内に雨水が流入したり滞留したりしないようにする効果や、トンネル内に湧き出た水を外部へ排出する効果があります。

ところが、河川や海峡の下につくる水底トンネルの場合は、地上から水底に向かって掘り下げることになり、河川や海峡は、一般的に中央部付近の水底が一番深いので、「V字型」になります。そのため、排水の方法が大きな課題となります。ほかにも、最深部に至る両側の勾配を緩やかにすると、トンネル全体が長くなり、勾配を急にすれば、列車の運行に支障が生じるというジレンマがあります。

そこで、関門トンネルは、全体のバランスを考え、最深部に向かって両側から20パーミルの下り勾配となりました。トンネルの最低点（海峡の最深部）が下関寄りなので、海峡からの距離は、出口（門司側）よりも入口（下関側）の方が長くなり、トンネルの長さは3614メートルとなりました。トンネルの標高は、入口がプラス1・8メートル、最低点がマイナス36・4メートル、出口がマイナス2・0メートルで、典型的なV字型となりました。

関門トンネルの工事では、事前の地質確認や本坑に先回りして掘削地点に到達することを目的に、本坑の下に、逆V字型の「試掘坑道（→P39）」という小さなトンネルを設けました。逆V字型としたのは、本坑に流入する海水の排出を考慮したからで、水を両端に流してポンプで汲み出す仕組みにしたのです。

また、関門トンネルは、単線断面でつくることになりました。それは、水底トンネルの場合は、水底からトンネル上部までの土被り（↓P42）を、少なくともトンネルの直径以上は確保しなければならないという構造上の原則があるからです。複線トンネルにすると、断面積が大きくなるだけではなく、この原則に基づき、もっと深い位置にトンネルを設けなければならなくなるので、建設費が高くなり、工期が延びてしまうのです。ほかにも、複線トンネルでは、有事の場合には全面的な運行不能となるので、将来的に複線化するにしても、単線トンネルに並行してもう一本単線トンネルを設ける「単線並列式」を軍部が望んだからです。

関門トンネルの断面図

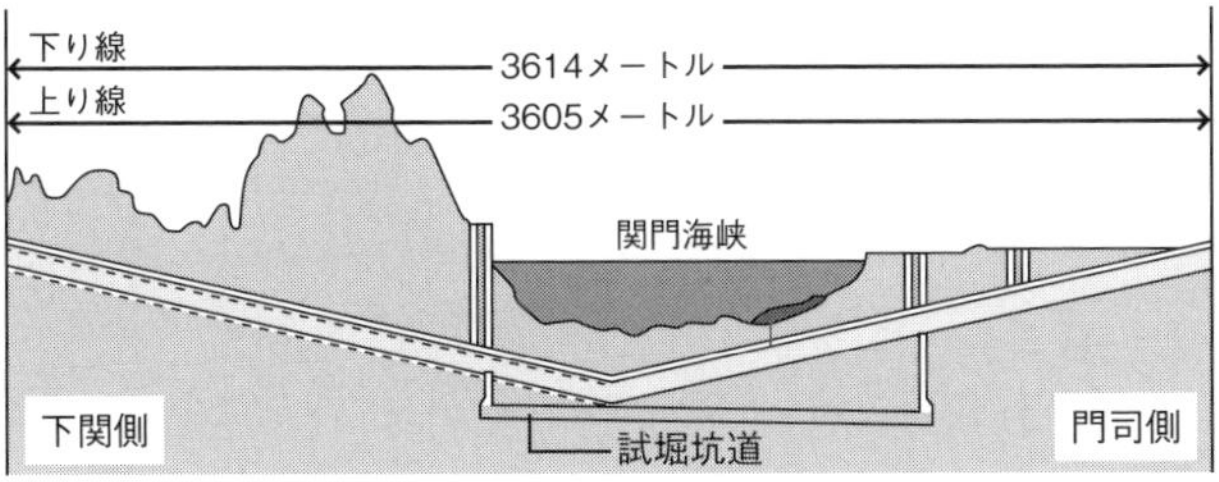

提供：公益社団法人 土木学会

トンネル工事の施工方法については、強度が高いトンネルを、より浅い場所に設けることができるため、当初は、沈埋函という構造物を水底に沈めて接続させる沈埋工法（↓P45）が有力でした。しかし、関門海峡は、潮流が激しく、船舶の航行が多いうえ、海底が岩盤なので、ケーソンを固定する水中作業が困難だという理由で、沈埋工法は無理だと判断し、海底にトンネルを掘ることにしました。

●完成までの経緯

綿密に行なわれた地質調査

丹那トンネル（→P172）では、地質調査をおろそかにしたことが難工事を招いたという反省もあり、関門トンネルでは、綿密な地質調査を行なうことになりました。そして、ボーリング調査、弾性波探査*、潜水艇による調査という3種類の調査を行ないました。

ボーリング調査は、水深が浅い場所では、杭を直接海底に打ち込み、水深が深い場所では、空気タンクを備えたコンクリート製の作業台を海に沈め、40ほどの地点で行ないました。

弾性波探査は、ダイナマイトによって人工的に地震を起こし、その震動を分析して、地質を推測することを目的に行ないました。この調査により、大きな断層の存在を確認しました。

潜水艇による調査は、海底トンネル特有のもので、海底の状態を目視で確認するために行ないました。

海底部の地質調査の結果、下関側は、花崗岩を主体とした良好な岩盤だということが判明しましたが、門司側には、粘土層や貝殻層などの軟弱な地層があり、さらに、中央付近に第三紀層とよばれる比較的新しい（6500～165万年前）未固結状態の地層があることが判明しました。

一方、陸地のトンネル区間については、下関側が堅固な地質で、門司側が軟弱な地質ということが判明し、海底区間と同じような傾向が見られました。

＊弾性波探査…人工的に地震を起こし、その震動源から地中に伝わる弾性波の変化を観測して、地層の状況を知る方法。

工区割りと工法

日本初の海底トンネルの工事にあたり、大量の地下水に悩まされた丹那トンネルの工事の苦い経験は、参考にすべき点が多々ありました。

海底部分の工事では、海水の浸入が大事故につながるので、アーチ部分の崩壊は絶対に許されません。そこで、地質が軟弱と思われる場所については、丹那トンネルの工事で、支保工（↓P40）の代わりに試用したシールドが効果的だったので（↓P181）、本格的なシールド工法（↓P43）の導入を検討しました。

当時、鉄道省は、工事を民間業者に委託することを基本としていましたが、海底部の工事は、直轄で行なうことにしました。ただし、ここでの海底部は、実際の海底区間ではなく、海底区間に接続している陸底区間を含んだ範囲をいいます。そこで、工区を、下関側陸底部、下関側海底部、門司側海底部、門司側陸底部の4つに分け、両岸付近に立坑（↓P38）を設け、陸底部と海底部の工区の境にするとともに、海底部の工事を開始する地点（工事始端点）としました。

地質が比較的良好な下関側の陸底部は、通常の山岳工法（↓P33）で工事を行ない、立坑までの1405メートルを、間組《はざまぐみ》が担当することになりました。

1599メートルの海底部は、873メートルを下関側の工区とし、726メートルを門司側の工区としましたが、実際の海峡幅は1100メートルほどしかないので、門司側の726メートルのうち、500メートル弱は陸地でした。下関側の海底部は、第三紀層の断層破砕帯（↓P31）が

関門トンネル（下り線）の工区と工法

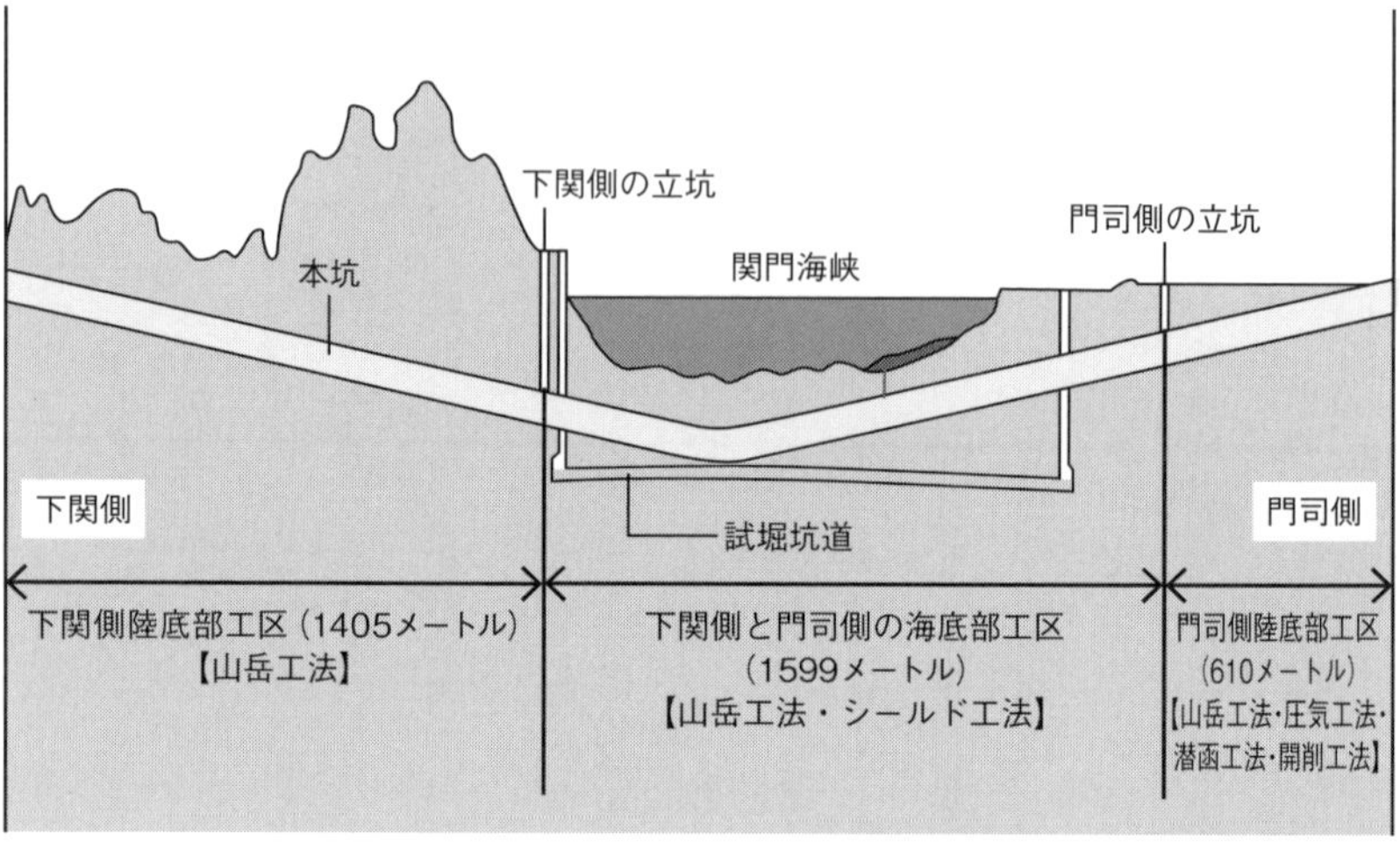

提供：公益社団法人 土木学会

あるものの、全般的には良好な岩盤なので、山岳工法で工事を行なうことになりました。一方、門司側の海底部は、総じて地質が軟弱なので、シールド工法を用いることになりました。

地下水を多く含んだ軟弱な地質の門司側陸底部610メートルのうち、住宅が近接している出口から264メートルの区間は、開削工法（→P42）により、大林組が行なうことになりました。それに続く区間は、鉄道省の直轄で行なうことになりましたが、土被りが6メートル以上となる199・5メートルの区間は、ケーソン（潜函）を地中に埋めて基礎とする「潜函工法」で行なうことになり、残りの146・5メートルは、シールドマシンを海底側に発進させる都合もあり、山岳工法で行なうことになりました。

シールドマシンの製作

シールドマシンは当時、欧米ではすでに普及していました。日本では、1919(大正8)年の羽越本線の折渡《おりわたり》トンネル(秋田県)の工事で、国産(横河橋梁製)のシールドマシンが試用されましたが、失敗に終わり、以後は製作されませんでした。

このため、関門トンネルでシールド工法を用いるにあたっては、シールド工法による工事区間全体を外国企業に委託する案や、シールドマシンを輸入したうえで外国人技術者を招聘するという案が有力でした。しかし、軍事上でも重要な施設となる関門トンネルの建設に外国を関与させることは好ましくないとする軍部の意向により、急遽、シールドマシンを日本で製作することになりました。

そこで、設計は、アメリカの文献を参考に、鉄道省の土木技術者が行ない、製作は、マシン本体を三菱重工業が、ジャッキを神戸製鋼所が、セグメント(↓P43)を久保田製鉄所が、それぞれ担当しました。こうして完成したシールドマシンは、外径7182ミリメートルの円形断面で、全長は5810ミリメートル、重量は約200トンでした。

関門トンネルの建設に使用されたシールドマシン。

出典:鉄道省『土木建築工事画報』1939年1号「関門海峡連絡隧道工事図譜」

立坑の建設

１９３６（昭和11）年9月19日、門司側の建設現場で、関係者による起工式を行ない、ようやく工事が始まりました。最初に取りかかったのは、海底部に設ける試掘坑道を両岸から掘り進める始点の場所に、立坑を設ける工事でした。

立坑は、両方とも海岸近くに掘ることになりましたが、地形の関係から深さが異なり、下関側は約55メートル、門司側は約48メートルとなりました。そして、下関側は、１９３７（昭和12）年1月に着工し、同年11月に竣工しました。門司側は、１９３６（昭和11）年10月着工し、１９３８（昭和13）年6月に竣工しました。

続いて、本坑用の立坑をつくる工事が始まります。下関側は、１９３７（昭和12）年12月に着工し、翌年5月に竣工します。陸底部工区と海底部工区の境が海岸付近で、試掘坑道の始点位置とほぼ一致するため、試掘坑道用の立坑に隣接して建設し、深さは43メートルとなりました。一方、門司側は、１９３８（昭和13）年1月に着工し、同年12月に竣工します。こちらは、陸底部工区と海底部工区の境が出口から６１０メートル（海岸からは４００メートルほど陸寄り）の地点だったので、深さは約24メートルと、浅くなりました。

なお、門司側の立坑は、シールドマシンを発進させるために内部寸法を10メートル×9メートルの矩形としました。また、下関側の立坑でも、万が一に備えて、シールドマシンを下ろせる寸法を確保しました。

試掘坑道の建設

トンネル工事では、本坑を掘り進める前に、地質の確認のほか、先回りして掘削地点に到達することを目的に、本坑に沿って小さなトンネルを掘り進めることがあります。この小さなトンネルは、先進導坑（↓P39）とよばれます。関門トンネルの工事で掘った「試掘坑道」とよばれるサブトンネル（↓P39）も、先進導坑の一種です。海底トンネルの場合、工事用のサブトンネルは、本坑に流入した水を排出するルートとして完成後も使用するため、本坑より下側に設けます。関門トンネルも青函トンネル（↓P226）も、そうなっています。

試掘坑道の断面形状は、サブトンネル内の水を両岸方向に集め、地上からポンプで吸い上げるために、本坑の最低点を試掘坑道の頂点とする、逆V字型としました。このため、試掘坑道は、標高マイナス37メートルの最高点から両側に、最大7パーミルの下り勾配となり、長さは1322メートル（そのうち海底区間は1140メートル）としました。大きさは、工事用のトロッコを通すために軌間610ミリメートルの線路を複線で敷けるように、幅と高さを2・5メートルとしました。

試掘坑道の掘削工事は、双方とも、立坑の完成後、すぐに始まりました。下関側海底部は、良好な地質と見なされていましたが、断層破砕帯に遭遇し、大量の湧水の噴出と土砂の流出に見舞われるなど、予想外の難工事となりました。一方、軟弱な地質と見なされていた門司側海底部は、予想に反して地質が良好だったので、順調に掘り進むことができました。

こうして1939（昭和14）年4月19日、鉄道大臣が大臣室で発破の合図を送り、試掘坑道が貫通しました。

ところで、大瀬戸で鉄道トンネルの試掘坑道を掘っているのとまったく同じ時期に、早鞆の瀬戸では、国道トンネルの試掘坑道の工事を行なっていました。どちらの貫通が早いか、熾烈な競争となりましたが、結果は、1週間の差で、鉄道側の勝利に終わりました。

この試掘坑道は、今日でも、保守作業用のトンネルとして活用しています。また、非常時の排水トンネルとしての機能も維持しています。試算によると、所定の漏水に加え、1時間に30ミリメートルの雨の流入が続いたとしても、トンネルが水没するまでの時間を17時間遅らせることができるとされています。1953（昭和28）年6月の西日本水害で関門トンネルが水没したときには、この試掘坑道のおかげで、トンネル内を走っていた列車が脱出できたといわれています。

陸底部の工事

入口から下関側の立坑までの陸底部工区（1405メートル）では、1938（昭和13）年5月に、入口から約970メートルの地点に達する斜坑（→P38）をつくる工事から始まりました。そして、幅4メートル、高さ3メートル、地上からの勾配が25パーミルの杉田斜坑が、5か月間で完成しました。

これにより、この工区では、入口と斜坑の両方向とともに、立坑からも掘削工事を行ないました。ここでは、まず底設導坑（→P36）を貫通させ、あとから切り拡げる工法を用いました。

立坑と斜坑の間の底設導坑は、その年の12月に貫通し、入口と斜坑の間の底設導坑は、翌1939(昭和14)年5月に貫通しました。その後、切り拡げと覆工を行ない、この工区の竣工は、1940(昭和15)年6月でした。

一方、出口から門司側の立坑までの陸底部工区(610メートル)のうち、出口から264メートルの開削工法の区間と、それに続く199・5メートルの潜函工法の区間は、将来の複線化に備えて、あらかじめ複線断面でつくることになりました。

開削工法の区間は、1939(昭和14)年12月に着工し、矢板(→P41)を打ち込み、矢板間の土砂を掘り出したあと、コンクリートでトンネルを構築してから埋め戻すという工法を用いました。トンネルの断面形状は箱型で、上下線間には、幅0・6メートルの隔壁を設けました。工事自体は難しくはありませんでしたが、戦時中ということもあり、作業員の不足と資材の欠乏で遅れが生じ、1942(昭和17)年5月の竣工となりました。

潜函工法の区間は、半径600メートルの曲線部となっていて、そこに7基のケーソン(潜函)を1メートル間隔で沈める工事を行ないました。入口から264メートルを開削工法とした理由は、周辺が住宅地で、潜函の搬入やクレーンの使用が困難だったからですが、土被りが6メートル以上になる地点で、潜函工法に切り替えています。なお、近年では、軟弱な地質に対してはシールド工法を用いるので、陸上で潜函工法を採用する事例は見当たりません。潜函工法区間の工事は、1939(昭和14)年2月に始まり、竣工は、やはり遅れて1942(昭和17)年5月になりました。

門司側陸底部工区の残り146・5メートルの区間では、山岳工法を用いましたが、地質が軟弱で地下水の湧き出しを懸念したため、丹那トンネルの工事で実用化された圧気工法（→P37）を併用することにしました。この区間は、1940（昭和15）年11月に着工し、1942（昭和17）年3月に竣工しました。

海底部の工事（下関側）

鉄道省は、海底部の工事が未経験ということもあり、試掘坑道の完成を待ってから本坑の工事を開始すべきという慎重な姿勢でした。しかし、一刻も早い完成を望む軍部はそれを許さず、試掘坑道の完成を待たずに、本坑の工事を行なうことになりました。

下関側海底部工区（873メートル）は、1938（昭和13）年6月に着工しました。そして、地質調査により、立坑から230メートルほどの地点から約200メートルの区間が第三紀層の断層破砕帯だということが判明していたので、その前後とその中間に試掘坑道からの連絡斜坑を設け、これら3つの斜坑に第一〜第三の番号を付けました。さらに、第三斜坑から終点までの距離が400メートルあるため、その中間付近には、第四斜坑を設けました。

第三紀層の断層破砕帯を突破する第一斜坑から第三斜坑の間では、掘削前にコンクリートで隔壁をつくり、ボーリングによってセメントを注入し、地質の改良を行ないました。その結果、約

200メートルの区間で、50キログラム入りのセメント袋を15万個も使っています。

こうして、下関側海底部工区全体の底設導坑は、1940（昭和15）年8月に貫通し、そのあと切り拡げと覆工を行ない、同工区は、1942（昭和17）年3月に竣工しました。

海底部の工事（門司側）

初めて本格的なシールド工法を用いることになった門司側海底部工区は、立坑の竣工を待たず、1938（昭和13）年10月に着工しました。

シールド工法の実施にあたっては、トンネル直径と同程度の土被りを確保するという基準を設けました。実際には、その基準は守られていましたが、海底ということに加え、圧気工法を併用する計画があったため、土被りが比較的浅い場所には、海底に粘土と捨石を投入する「粘土被覆」という工事を行ないました。

シールドマシンは、立坑内で組み立て、1939（昭和14）年5月に初めて推進しましたが、当初は、マシンの取り扱いに不慣れだったため、1日に進めたのはわずかでした。その後、マシンの取り扱いに慣れてくると、進行は早まりましたが、掘り進めるにつれて地質が悪化し、貝殻混じりの粘土層からの湧水が増加しました。

1940（昭和15）年10月には、海上で4000トン級の貨物船どうしの衝突事故が起き、海底を損傷したため、そこから空気が漏れ、坑内の気圧が下がり、湧水で坑内が水没しかねない状況となりました。そこで、坑内では粘土貼りを行ない、海底からは被覆を行なった結果、何とか切り抜けることができました。

1941（昭和16）年4月には、下関側からの掘削終了地点に1メートルまで接近しました。そのため、シールド工法を終了し、圧気工法を行なったままで頂設導坑（↓P36）の掘削を行ない、下関側から掘った底設導坑の上をしばらく掘り進みました。そして7月10日、下関工事事務所長が発破ボタンを押し、下関側からの底設導坑と門司側からの頂設導坑は併合し、導坑が貫通しました。

完成

関門トンネルの本坑が貫通したのは、門司側陸底部工区の潜函工法の区間の隔壁を撤去した、1942（昭和17）年3月でした。土木工事に続き、内装工事を施し、その後、線路関係や信号・電線路関係の工事を行ないました。

線路関係の工事では、両坑口から250メートルは、通常の砂利道床としました。残りは、清水トンネル（↓P156）で採用した、コンクリート直結道床（↓P165）としました。信号関係の工事では、3分間隔での運転を想定して、トンネル内に5機の閉塞信号機*を設置しましたが、単線区間で、こんなに多くの閉塞区間（列車が進入できる区間）を設けるのは、たいへん異例でした。

このころ、戦争は激化し、一刻も早い列車の運行開始を軍部から要請されたこともあり、突貫工事を行なった結果、1942（昭和17）年6月11日、最初の試運転列車が門司側からトンネルを走破し、7月1日には、貨物列車の運行が始まりました。

ところが、トンネルの取り付け線路が下関駅と門司駅（現在の門司港駅）のどちらも経由しないため、旅客にとっては従来の関門連絡船の方が便利だといわれました。そこで、本州側では、トンネル取り付けのために設けた高架線に下関駅を移し、九州側では、トンネルの出口にある大里駅を門司駅に改称し、従来の門司駅を門司港駅としました。

こうした準備期間を経て、11月15日、関門トンネルは全面開業を迎え、下関側の入口で開業記念大相撲を開催し、双葉山と羽黒山の両横綱が、浄めの土俵入りを行ないました。

なお、関門トンネルの開業に伴い、5隻の貨物用の連絡船は、宇高航路（岡山県の宇野～香川県の高松間）へ転属しました。

＊閉塞信号機…同時に2つ以上の列車が入れないように線路を区切った「閉塞区間」で、その開始位置に設置する信号機。前方の閉塞区間に前の列車が在線している場合は、赤信号になっている。

関門トンネルを抜けた、最初の試運転列車。　写真提供：下関市

その後の関門トンネル

複線化のための上り線用トンネルの建設

関門トンネルは、単線でスタートしましたが、戦争の遂行に伴い、本州と九州間の物資の輸送量が増えたため、早くも１９４０（昭和15）年の帝国議会では、１９４５（昭和20）年度までに、複線化のためのトンネルをもう1本建設することを決議しました。さらに、本州の石炭が窮乏し、九州産の石炭の輸送が急務となったため、トンネルの完成を１９４３（昭和18）年に繰り上げました。

複線化の工事に伴い、最初に完成したトンネルは下り線用とし、上り線用のトンネルを、並行してつくることにしました。新しいトンネルは、従来のトンネルとくらべ、入口が25メートル内陸側へ、出口が20メートル海側に設けられ、線形の違いもあったためか、従来のトンネルよりも短くなり、３６０５メートルとなりました。

新しいトンネルの工事は、万が一の事故が起きても、従来のトンネルに影響を及ぼさないように、海底部では水平方向で20メートルの離隔（間隔）を確保し、地質が悪い第三紀層の断層破砕帯の周辺では、上下方向にも離隔（間隔）を設けました。

工区割りとそれに付随する工法は、基本的には前回と同じでした。ただし、陸底部と海底部の工区の境は、下関側は前回とほぼ同じ位置だったのに対し、門司側では、試掘坑道の立坑を前回設けた付近としたため、海底部工区の区間が短くなりました。また、門司側陸底部では、出口から約４５０メートルの区間については、前回の工事で、開削工法と潜函工法による工事で複線化への対応が終わっていたため、今回の陸底部の工事は、すべて圧気工法で行なうことにしました。

工事は、1940（昭和15）年8月、下関側の立坑の工事からはじまりますが、戦時体制下で労働力が不足している状況で、2本のトンネルの工事を並行して行なうのは困難だったため、本格的に取り組めるようになったのは、関門トンネルが単線で開業した1942（昭和17）年以降でした。

工事は、前回の経験を活かし、比較的順調に進みました。途中、下関側陸底部工区での崩壊事故などもありましたが、懸命な復旧作業に取り組んだこともあり、1943（昭和18）年12月には、貫通を果たしました。

その後、線路関係や信号・電線路関係の工事を順次行ない、上り線用のトンネルは、1944（昭和19）年8月8日から使用開始となりました。ところが、下り線用となった従来のトンネルの漏水が激しくなり、改修工事に1か月を要し、その間、上下線とも、新しい上り線用トンネルでの運行となりました。そのため、複線運転が始まったのは、9月9日のことでした。

関門トンネルの列車運行

関門トンネルの開通で、下関〜門司間は山陽本線に編入され、門司が同線の終点となりました。直流電化で開業した関門トンネルには、最新式のEF10形電気機関車（以下、EF10とする）が投入されました。EF10は、東海道本線の貨物列車用に開発された、戦前を代表する電気機関車です。関門トンネル用のものは、海水による腐食対策として、車体をステンレス製にしました。そして、下関側の山陽本線も門司側の鹿児島本線も、この時点では電化されていなかったこともあり、本州と九州を直通する列車は、本州側は下関駅（旅客列車）または幡生《はたぶ》駅（貨物列車）で、九州側は門司駅で、機関車の交換を行ないました。

１９６１（昭和36）年6月、鹿児島本線の門司港〜久留米間が交流電源方式で電化されると、関門トンネルの出口付近（門司駅の手前）に交直セクション＊が設けられ、交直両用の（交流区間も直流区間も走行できる）ＥＦ30形電気機関車（以下、ＥＦ30とする）が投入されました。ＥＦ30は、コルゲート状（波形）のステンレスむき出しの車体がひときわ異彩を放ちました。しかし、車体のステンレス化を過剰対策と判断したのか、その後継機となったＥＦ81形電気機関車は、初期に投入されたものを除き、ステンレス化を止めてしまいました。

なお、１９８７（昭和62）年に国鉄がＪＲに移行するとき、関門トンネルのある下関〜門司間は、ＪＲ西日本が大部分を管轄する山陽本線でありながら、ＪＲ九州の管轄になりました。

＊交直セクション…交流区間と直流区間の境目。電車や電気機関車が、交流から直流または直流から交流に、電源を切り替える。

関門トンネルで、本州と九州を結ぶ旅客列車や貨物列車を牽引した、ステンレス製の車体のEF30形電気機関車。

EF30に代わり、本州と九州を結ぶ列車を牽引したEF81形電気機関車。上は、ステンレス製の車体の303号機。下は、関門トンネルを抜け、ブルートレインを牽引して門司駅に進入する413号機。車体は、ステンレス製ではない。

関門トンネルの意義

1945（昭和20）年になると、戦局の悪化に伴い、民生用の船の多くが、軍に徴用されたり敵国に撃沈されたりしたため、関釜連絡船や青函連絡船などが運航不能となっていくなかで、関門トンネルの存在は際立っていました。また、戦時体制下でありながら、シールド工法を駆使して、日本で最初の海底トンネルを建設することができたのは、丹那トンネルなど、これまでのトンネル工事の苦い経験を活かせたからです。

戦後、日本のトンネル掘削技術は飛躍的に発展し、建設主体は、日本鉄道建設公団（鉄建公団）や大手ゼネコンに移行していきますが、関門トンネルでの経験も、青函トンネルの建設につながっていきます。

いまでも、大量の海水が漏れているという関門トンネルでは、内部の経年劣化が気になります。それに伴う年間保守費は、1億円を超えるともいわれています。将来、関門トンネルの役割を担う代替施設が必要になったときには、再びトンネルを掘るのか、それとも橋を架けるのかという選択になると思いますが、橋を選択したとしても、爆撃機が飛来する心配のない、平和な世の中であってほしいものです。

福岡県側から見た、現在の関門海峡。山陽新幹線の新関門トンネルは、関門橋の近くの海底を貫いている。

6 戦後を代表するトンネル

北陸本線・青函トンネル・中山トンネル・鍋立山《なべたちやま》トンネル

この章では、トンネルを活用して近代化を図った代表的な線区として、最初に北陸本線を取り上げます。次に、鉄道のトンネルというよりも、日本を代表するトンネルとして、青函トンネルを取り上げます。さらに、まれに見る難工事だったトンネルとして、中山トンネルと鍋立山トンネルを取り上げます。

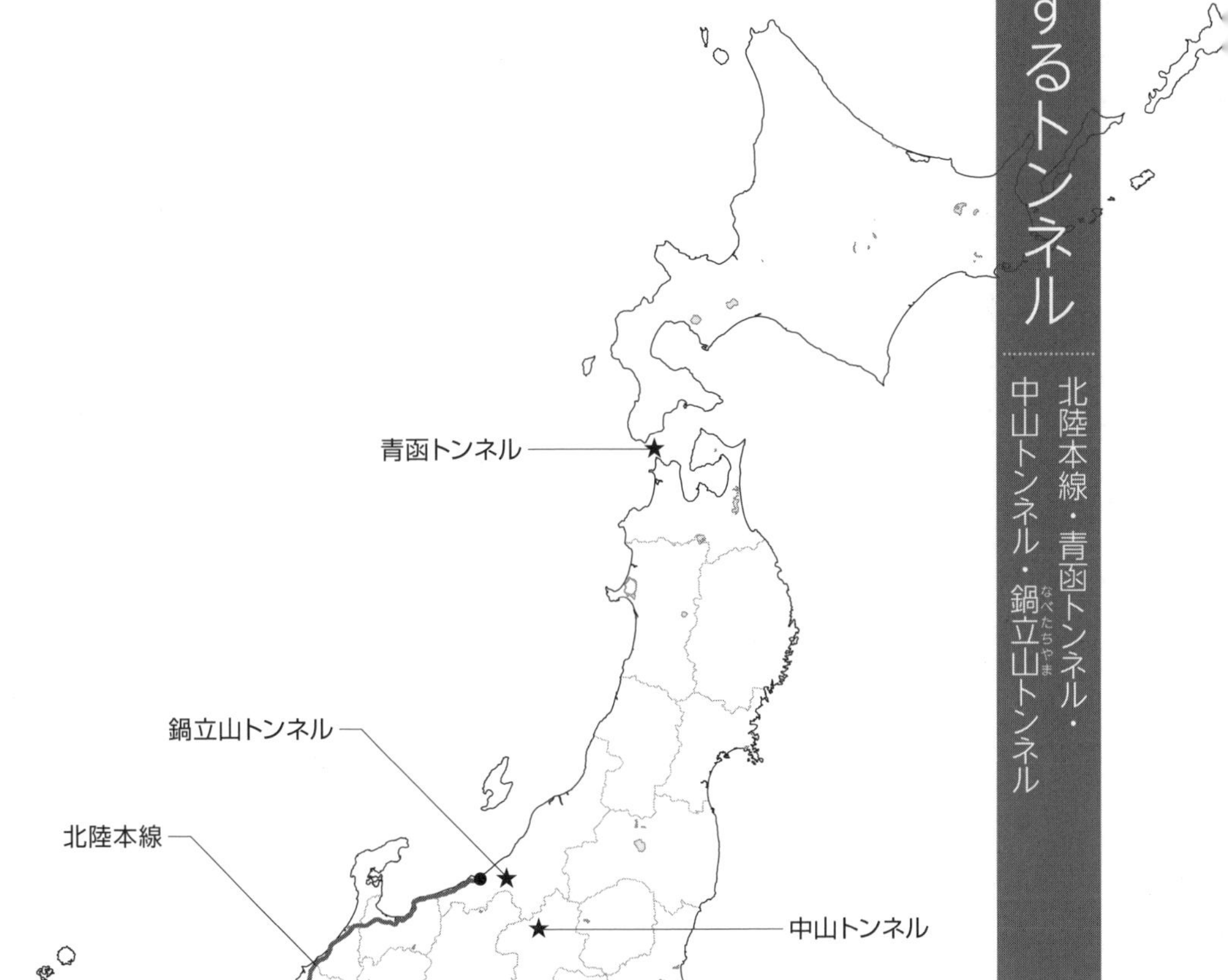

北陸本線

トンネルにより近代化された路線

北陸本線は、滋賀県の米原《まいばら》から、福井、金沢、富山を経て、新潟県の直江津《なおえつ》に至る路線として、1913（大正2）年に全通しました。北陸新幹線の開業に伴い、金沢〜直江津間が第三セクターの運営となりましたが、その区間も含めて、これまでに随所で線形改良を行ない、電化と複線化を進めました。そのときに用いた手段は、トンネルによる新線建設が中心でした。

北陸トンネルを抜け、福井方面に向かう特急「サンダーバード」。

北陸本線

開通年：1882(明治15)年〜1913（大正2）年
長さ：353.8キロメートル
区間：米原〜直江津間（JR北陸本線・IRいしかわ鉄道・あいの風とやま鉄道・えちごトキめき鉄道）

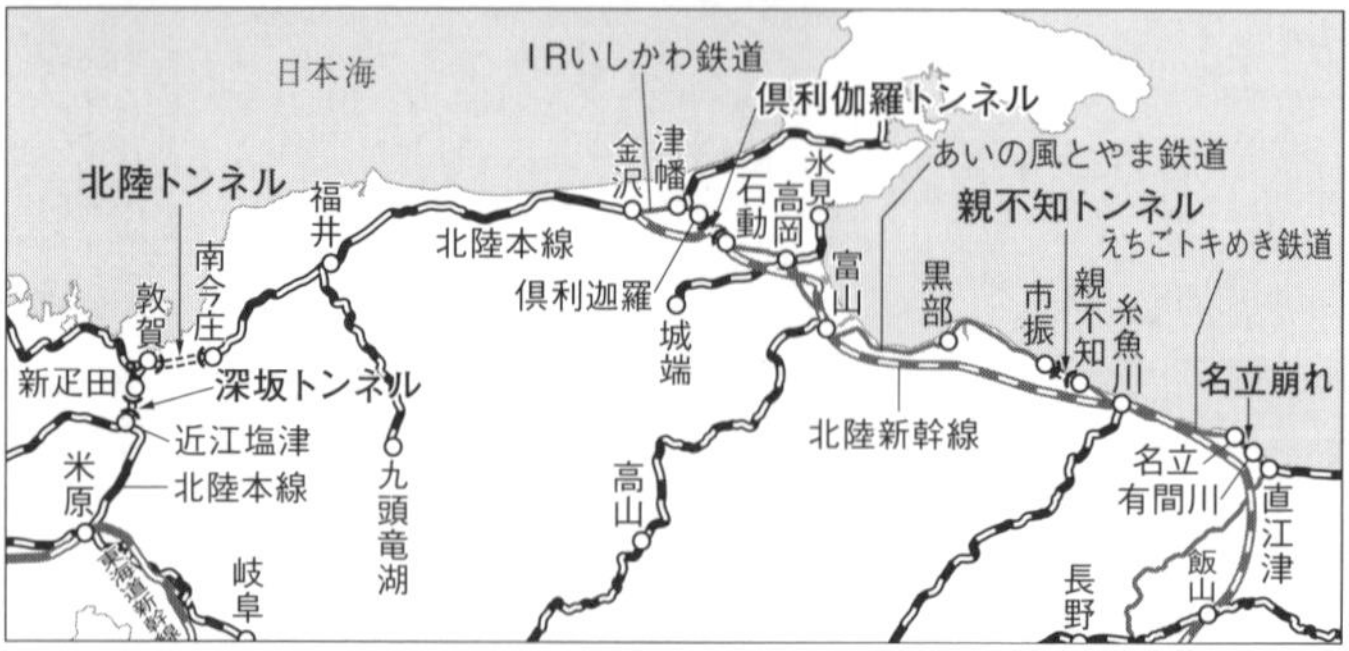

複線化と電化を契機に

戦後の復興を遂げた日本では、昭和20年代後半から景気は上向き、高度経済成長期を迎えると、鉄道輸送への需要が飛躍的に高まりました。しかし、都市部と東海道本線などの一部の幹線を除くと、多くの路線は単線・非電化のままで、輸送力は限界に達しつつありました。

とくに、明治から大正にかけてできた山越えの区間は、トンネルを少しでも短くするために、急勾配と急曲線を多用して峠を越えていたので、輸送のネックとなっていました。また、トンネルを避け、海沿いや川沿いの断崖をはうように敷設した路線では、土砂崩れや落石による運行停止が頻発していました。さらに、世の中が豊かになり、人々が鉄道に対して速達性（スピードアップ）や快適性を求めるようになってくると、国鉄は、旧態依然とした蒸気機関車による峠越えを抜本的に見直さざるを得なくなりました。

これらを解決するため、主要な幹線の複線化と電化をセットで行なうことになりますが、峠越えや海沿いなどの急峻な地形に敷設した路線を複線化することは容易ではなく、電化についても、明治時代にできた断面の小さなトンネルの大改修が必要でした。そこで、これを契機に、運行を阻害するルートの抜本的な見直しを、全国各地で行なうことになりました。

なかでも、北陸本線は、峠越えの区間と海沿いの区間をあわせ持つため、米原～直江津間366・4キロメートルのうち、29パーセントにあたる106・4キロメートルを廃線にして新線に切り替えましたが、代わりにできた93・8キロメートルの新線は、ほとんどがトンネル区間となりました。かつては、越すに越せない峠を克服する最後の手段として、やむなく掘っていたトンネルを、スピードアップや災害防止を目的とした手段として、積極的に用いるようになったのです。

鉄道が便利で安全になるのは望ましいことですが、その一方で、風光明媚な車窓からの景色は旅情とともに失われ、鉄道は単なる移動手段となっていきます。北陸本線は、その典型的な事例ですが、ここでは、ひとつひとつのトンネルを深掘りするのではなく、新旧路線の比較をとおして、トンネルの果たした役割を、浮き彫りにしていきます。

なお、米原～敦賀間については、第4章の「柳ヶ瀬トンネル」で触れたので、ここでは、敦賀～直江津間を取り上げます。

● 北陸トンネルの建設

1892（明治25）年の「鉄道敷設法」の公布により、北陸線は国が建設する予定鉄道線路にあげられ、敦賀～富山間は、早急に建設すべきとする第一期予定線路に指定されました。すると、翌1893（明治26）年、敦賀～福井間の工事が始まります。このとき、海抜762メートルの鉢伏山がそびえる敦賀と今庄の間

北陸トンネルと北陸本線の旧線

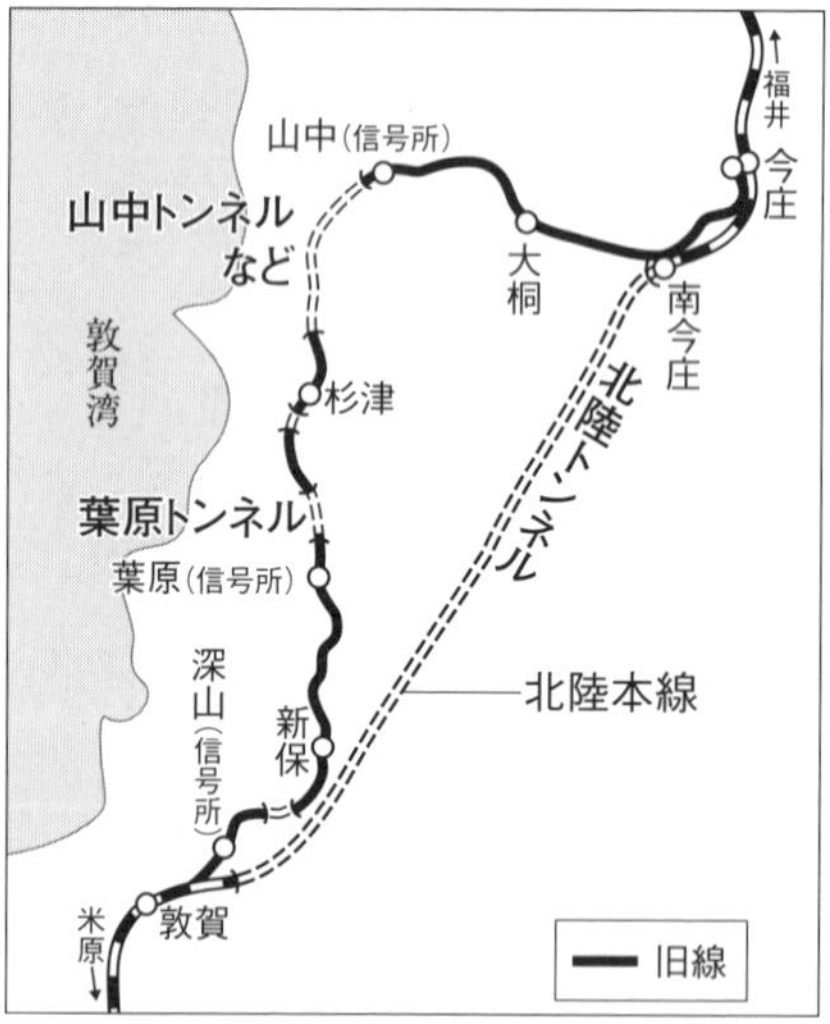

※新保、葉原（信号所）、山中（信号所）はスイッチバック。

のルートは、鞍部にあたる木ノ芽峠を越え、琵琶湖の東岸から栃ノ木峠を越えて北上してくる北国街道に合流するルートではなく、敦賀湾の東岸に落ち込む山麓を縫いながら鉢伏山の海側を迂回し、山中峠をトンネルで貫通するルートを採ることになりました。そして、1896（明治29）年7月15日、敦賀～福井間が開通しました。

　このうち、敦賀～今庄間は、山中トンネル（1170メートル）、葉原トンネル（979メートル）のほか、合計12のトンネルを設け、葉原トンネルの入口（敦賀側）と山中トンネルの出口（今庄側）の2か所をサミット（最高点）に、25パーミルの急勾配で上り下りする険しい区間となりました。

　とくに、杉津《すいづ》駅から山中信号所にかけては、22～25パーミルの急勾配の線上に、第一観音寺トンネルから山中トンネルまでの6つのトンネルが数十メートル間隔で連続し、現在は道路

現在は道路となっている、山中トンネルの今庄側の坑口。左にあるトンネルは、手前にあったスイッチバックの山中信号所に入るための折り返し線のトンネル。

煉瓦造りの山中トンネルの内部。自動車は片側通行だが、トンネル内は直線で、反対側の坑口が見えるので、上の写真のように、入口には信号機はない。

となっている廃線跡をたどってみても、その険しさが感じ取れます。

しかし、当時の乗務員の間では、柳ヶ瀬トンネルの方が厳しいとの声が多く、実際に窒息事故が起きたこともあって（↓P60）、北陸本線では、この柳ヶ瀬トンネルのある木ノ本〜敦賀間の線形改良を優先しました。そのため、「杉津越え」または「山中越え」とよばれた敦賀〜今庄間の線形改良を具体的に検討することになったのは、深坂トンネル（↓P67）の建設や交流電化の工事などを木ノ本〜敦賀間で行なっている最中の1952（昭和27）年になってからでした。

敦賀〜今庄間の線形改良にあたり、現在の国道8号線に近いルートで海岸線沿いに北上して武生《たけふ》に抜ける新線を建設する案もありましたが、13キロメートルのトンネルによる最短ルートという案で決定しました。それは、「北陸本線の交流電化がすでに決まっていたので、長大なトンネルをつくっても、蒸気機関車が通過することはない」ということと、「清水トンネル（↓P156）の実績から、10キロメートルを超えるトンネルの建設には技術的な問題はない」という2点を勘案したからです。

トンネルの工事は、木ノ本〜敦賀間の新線切り替えの一段落後、1957（昭和32）年11月に始まりました。工期を短縮するため、2か所の斜坑（↓P38）と1か所の立坑（↓P38）を設け、8方向に掘り進めた結果、1961（昭和36）年7月に貫通し、翌1962（昭和37）年3月に竣工しました。

これが、開通当時は日本最長となった13870メートルの北陸トンネルです。1972（昭和

47）年には、16250メートルの山陽新幹線の六甲トンネル（↓P281）に抜かれたものの、在来線だけのトンネルとしては、いまだに日本最長です。

こうして、敦賀～今庄間の新線は、1962（昭和37）年6月10日に開業し、同区間の距離は7・2キロメートル短くなり、所要時間も20分ほど短くなりました。

北陸トンネルの開通にあわせて、ED70（↓P68）よりも強力なEF70形電気機関車を投入し、北陸本線は新たな時代を迎えることになりました。

北陸トンネルの入口（敦賀側）。「北陸隧道」の扁額は、新幹線をつくった男として知られ、トンネル開通時に国鉄総裁だった十河《そごう》信二《しんじ》が揮毫《きごう》したもの。

北陸トンネルの出口（南今庄側）。扁額は、吉田茂が揮毫したもの。

トンネル豆知識

北陸トンネルの列車火災事故

北陸トンネルでは、1972（昭和47）年11月6日未明に、列車火災事故が発生しました。この事故では、「列車火災が発生した場合は緊急停車する」という国鉄の内規が、かえって甚大な被害をもたらし、30名が死亡しました。

北陸トンネルでは、それ以前にも列車火災事故が発生したことがあり、そのときは、乗務員の独断で停車せずにトンネルから脱出しましたが、この乗務員は、規則違反で懲戒処分を受けました。しかし、多くの犠牲者を出した事故の反省から、「トンネル内で緊急事態が発生したときには脱出する」というように内規を改め、かつての処分を撤回しました。

また、この事故を契機に、車両構造規則を見直し、地下や長大トンネルを走行する車両の難燃基準を設けました。さらに、この事故の原因が食堂車からの出火だったため、同じ形式の食堂車の使用を禁止しました。

北陸トンネルの列車火災事故を受け、トンネルの入口左側に建立された慰霊碑。

●倶《く》利《り》伽《か》羅《ら》峠《とうげ》の新線建設

倶利伽羅峠は、富山県小矢部市と石川県津幡町の境にある峠で、源平合戦の古戦場としても知られています。鉄道は、1898（明治31）年11月に開業していますが、倶利伽羅～石動《いするぎ》間の倶利伽羅峠を、九折《つづらおり》トンネルと倶利伽羅トンネルで通過していました。ただし、倶利伽羅トンネルの出口（石動側）をサミット（最高点）に、倶利伽羅側が18・2パーミル、石動側が20パーミルの連続勾配となっていたため、補助機関車の連結が必要な難所となっていました。

この峠越えは、早くから改良が検討され、1941（昭和16）年には、勾配を10パーミル以下に抑えた新線の建設に着手しました。しかし、戦争による中断や戦後の不景気もあり、二代目の倶利伽羅トンネル（2459メートル）とともに新線が開通したのは、1955（昭和30）年になってからでした。

新しい倶利伽羅トンネル内の勾配は、中間付近をサミットにして、倶利伽羅側が4パーミル、石動側が2パーミルで、ほぼ水平に近く、トンネルまでの取り付け区間は、両側とも10パーミルとなり、補助機関車を連結する必要はなくなりました。その後、複線化のために、並行してトンネルを掘る工事が1960（昭和35）年1月に始まり、1962（昭和37）年9

倶利伽羅峠の石動～倶利伽羅間を走っていた特急「サンダーバード」。北陸新幹線の開業で、この区間のJR北陸本線は、あいの風とやま鉄道という、第三セクター鉄道となった。

月15日、2467メートルの下り線用トンネルが開通し、従来のトンネルは上り線用となりました。

なお、同区間が電化されたのは1964（昭和39）年8月なので、しばらくは、倶利伽羅トンネルを蒸気機関車が通過していましたが、勾配が緩和されていたため、とくに問題は生じませんでした。

ところで、旧線の倶利伽羅トンネルは、長らく廃トンネルとして放置されていましたが、1967（昭和42）年に拡幅改修工事が行なわれ、国道8号線のトンネルに転用されました。廃線後の鉄道トンネルが道路トンネルに転用されるケースは珍しくありませんが、主要な幹線国道となった事例はまれです。一方、九折トンネルは、倶利伽羅バイパスの土台として、埋められてしまいました。

親不知《おやしらず》への対応

親不知は、越中国（現在の富山県）と越後国（現在の新潟県）の国境近くにある、北国街道最大の難所でした。飛騨山脈（北アルプス）の北端が、断崖絶壁となって日本海に落ち込むところで

旧線の倶利伽羅トンネルを転用した、国道8号線のくりからトンネル。

す。地名は、親子が互いに顧みるいとまもなく、断崖の波打ち際を、潮の合間に走り抜けなければならなかったことに由来します。

1892（明治25）年に公布された「鉄道敷設法」で、国が建設する予定鉄道線路に北陸線があげられ、早急に建設すべきとする第一期予定線路に指定された敦賀～富山間は、1899（明治32）年に全通しました。しかし、富山～直江津間については、この親不知の急峻な地形の通過方法が見当たらず、暗礁に乗り上げてしまいました。結局、断崖絶壁に沿って線路を敷設するしか方法が見つからず、ようやく1906（明治39）年に、富山～直江津間の工事が始まりました。なかでも、親不知を含む泊～青海《おうみ》間では、工事は難航を極め、この区間の開通は、1912（大正元）年10月15日となりました。

このうち、最大の難所となった市振《いちぶり》～親不知間では、断崖絶壁にトンネルと落石覆いを設けることで線路が敷かれ、子不知とよばれる親不知～青海間は、波打ち際を、子不知トンネル（1513メートル）、深谷トンネル（472メートル）、勝山トンネル（1010メートル）で通過することになりました。

ところが、市振～青海間は、断崖絶壁や波打ち際に線路を敷設したため、開通後、土砂崩れや落石が頻発し、全国屈指の災害多発区間となってしまいました。北陸本線では、昭和30年代

親不知の断崖絶壁。1883（明治16）年、地元の人々の努力により、鉄道よりも先に、ここに道が切り開かれた。

写真提供：公益社団法人 新潟県観光協会

から複線化と電化工事を順次行ないましたが、市振～親不知間では、複線化のために並行して線路を設ける余地はなく、災害多発区間だったこともあり、在来線を廃止し、海岸から200メートルほど陸地に入った山中に、複線仕様のトンネルで貫通する新線を建設することになりました。

工事は、1964（昭和39）年5月に始まり、市振～風波信号所*間には、親不知トンネル（4536メートル）と風波トンネル（454メートル）をつくり、風波信号所～親不知間には、第一外波トンネル（1007メートル）と第二外波トンネル（569メートル）をつくりました。この結果、市振～親不知間7・3キロメートルのうち、約9割の6・6キロメートルが、トンネル区間となりました。こうして、市振～風波信号所間は1965（昭和40）年9月30日に、風波信号所～親不知間は翌1966（昭和41）年3月24日に、それぞれ新線に切り替えられ、複線化と同時に電化されました。

旧線のトンネル。いまでは遊歩道となり、「親不知レンガトンネル」とよばれている。　写真提供：糸魚川市

一方、親不知～青海間の複線化では、既設線を下り線専用とし、山側に上り線を新設することになりました。そして、3つのトンネルがある既設線（下り線）に対し、新線（上り線）は、3710メートルの親子不知トンネルに統合されました。

1965（昭和40）年10月1日からは、上下すべての列車を新線に走らせることで、既設線の3つのトンネルを交流電化のために拡張する工事を施し、親不知～青海間の電化工事を行ないました。その結果、翌1966（昭和41）年12月15日から、両線を使った複線運転が始まりました。

こうして、地の果てといわれた親不知の絶景は、北陸本線の車窓から消えました。

*風波信号所…市振～親不知の中間に設けられた列車交換場所。

名《な》立《だち》崩《くず》れへの対応

糸魚川～直江津間には、妙高山や火打山などが連なる山脈が日本海に落ち込み、地滑り常襲地帯として知られる「名立崩れ」があります。

1912（大正元）年の鉄道の全通以来、地滑りによる脱線転覆事故が、12回も発生しました。なかには、列車が線路ごと海に押し流された事故もあり、親不知とともに、全国屈指の災害多発区間でした。

このため、複線化を機会に、この区間の抜本的な見直しを行ない、浦本～直江津間では、山中を長大トンネルで貫通する新線を建設することで海岸線のルートを廃止し、複線化と電化を

上空から見た名立崩れ。かつて名立駅があった海沿いの集落の背後には、江戸時代に起きた崖崩れの跡が、高さ140メートル、長さ600メートルほどの断崖となって残る。　写真提供：国立研究開発法人 防災科学技術研究所

図ることにしました。工事は、１９６６（昭和41）年３月に始まり、１９６９（昭和44）年９月29日に完成し、これをもって北陸本線全線の複線化と電化が完了しました。

新線には、１１３５３メートルの頸城《くびき》トンネルをはじめとする６つのトンネルを設け、同区間３１・０キロメートルのうち２３・５キロメートル（約76パーセント）が、トンネル区間となりました。これにより能生《のう》、筒石《つついし》、名立の３駅は、従来の位置からは１キロメートルほど山側に移動し、このうち筒石駅は、頸城トンネル内の地下駅となり、地下40メートルのホームまでは、トンネル建設時に掘った延長１７０メートルの斜坑で、地上から連絡しています。また、名立駅は、頸城トンネルと名立トンネルとの間のわずかなスペースに設けたため、上下線に設けた待避線の線路有効長（→Ｐ114）が地上部分だけでは確保できず、下り待避線の一部が頸城トンネル内に、上り待避線の一部が名立トンネル内まで延び、名立駅をはさんだ両方のトンネルの坑口は、３線断面となりました。

新線の建設で、トンネル内の駅となった筒石駅のホーム。トンネルの断面積を小さくするため、上下線のホームの位置がずれている。

●線形改良の効果

このように、北陸本線の線形改良は、富山を境に、西側は山間部で、東側は沿岸部で行ないました。どちらも、トンネルによる線形改良が中心となりましたが、とくに沿岸部では、自然災害が多発した区間のほとんどが、トンネル区間となりました。

これらのトンネルは、災害による事故の防止とともに、列車の円滑な運行に貢献しています。冬の日本海沿岸では、北西の強い季節風が陸地に向かって吹き荒れることで有名ですが、2005（平成17）年12月に羽越本線の北余目《きたあまるめ》〜砂越《さごし》間で発生した特急列車の脱線転覆事故を契機に、JR東日本は、強風に対する運行規制を強化しました。その結果、冬の羽越本線では、運転の見合わせのほか、運転速度の規制による大幅な遅延が、頻繁に生じています。これに対して、北陸本線では、トンネルの効果によって、こうした運行規制がかかることは少なくなっています。

また、トンネルによって線形が直線化されたため、時速130キロメートルで特急列車が運行するようになり、速達性（スピードアップ）が実現しました。

なお、2015（平成27）年3月に金沢まで開通した北陸新幹線は、在来線のさらに山側を、長大トンネルで貫通しています。

青函トンネル

世界に誇る日本一のトンネル

本州と北海道を隔てる津軽海峡の海底を貫く青函トンネルは、北海道新幹線の開業で、新幹線と在来線が共用することになりました。全長53・85キロメートルのうちの23・3キロメートルを占める海底部は、水平ボーリングによって前方の地質を確認しながら先進導坑（↓P36）と作業坑をつくり、それを追うように本坑を掘り進める方法で建設しました。トンネルは、最も深いところで、海面下140メートルの海底から100メートル下の地下を通ります。こうしたことから、その土木技術が、世界的に高く評価されています。

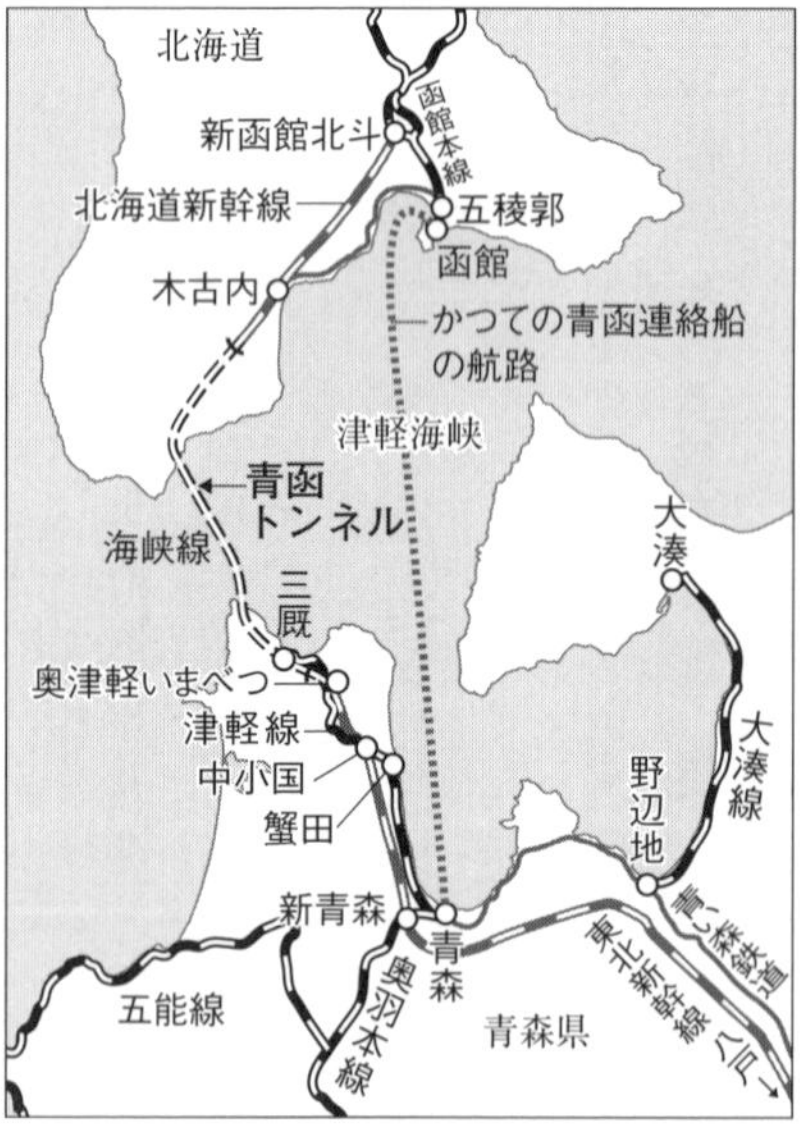

青函トンネル

開通年：1988（昭和63）年
長さ：53.85キロメートル
区間：奥津軽いまべつ（中小国）～木古内間（JR北海道新幹線・JR海峡線）

青函トンネルを抜け、新青森に向かう北海道新幹線「はやぶさ」。

●トンネル建設の背景

青函トンネルは、２０１６（平成28）年にスイスのゴッタルドベース・トンネル（５７・１キロメートル）ができるまでの28年間、世界最長のトンネルでした。青函トンネルの本格的な調査や検討を行なうきっかけになったのは、台風のために青函連絡船が沈没し、１０００名を超える犠牲者を出した、１９５４（昭和29）年9月の洞爺丸事故だといわれています。

北陸トンネル（→P214）の工事も始まっていないころに、異次元ともいえる長大トンネルを、しかも海底に掘ろうと考えたことには驚かされます。しかし、清水トンネル（→P156）、丹那トンネル（→P172）、関門トンネル（→P188）といった戦前のトンネル工事で培った貴重な経験が、日本のトンネル建設技術の向上をもたらし、青函トンネルを夢物語ではなくしたことは確かです。

１９６１（昭和36）年、青函トンネルの建設が正式に決まります。ところが、トンネルが完成し、列車の運行が始まるまでに27年を要する長期事業となったため、その間に、青函トンネルを取り巻くさまざまな情勢が変化し、北海道と本州の移動手段の主流は、航空機となってしまいました。

また、１９７０（昭和45）年の「全国新幹線鉄道整備法」

青函連絡船。青函トンネルができるまでは、レールが敷かれた船内に貨車を積み、人と一緒に運んでいた。

の第7条に基づき、政府は5つの整備新幹線*を定めましたが、累積赤字を抱える国鉄の再建のため、1982（昭和57）年、整備新幹線計画を凍結しました。その後、1987（昭和62）年の中曽根内閣のときに、政府と自民党の政治決着によって凍結解除となったものの、青函トンネルを通る北海道新幹線の建設は、後回しとなりました。

こうしたことから、一時は青函トンネル不要論まで出る始末でしたが、当面は在来線として活用することになり、建設は継続となりました。

＊整備新幹線…北海道新幹線、東北新幹線（盛岡以北）、北陸新幹線、九州新幹線（鹿児島ルートと長崎ルート）の5つの新幹線（4線5区間）。

●ルートの決定

青函トンネルのルートは、下北半島の青森県大間町と亀田半島の北海道戸井町（現在は函館市）を結ぶ「東ルート」と、津軽半島の青森県三厩《みんまや》村（現在は外ヶ浜町）と松前半島の北海道福島町を結ぶ「西ルート」の2つが、候補になりました。津軽海峡を横断する直線距離は、東ルートの方が2キロメートルほど短いものの、水深は、西ルートの140メートルに対し、東ルートは200メートル以上ありました。

結局、水深の浅さが決め手となり、西ルートでの建設で決定します。それには、勾配を抑える必要のある鉄道のトンネルでは、トンネルの位置を深くするほど長さが伸びてしまうため、海峡幅が多少長くても、水深が浅い方がトンネル全体の長さを短くすることができるという判断がありました。また、東ルートの場合は、青森を通らないことになるので、それは許されなかったとも考えられます。

●トンネルの構造

青函トンネル記念館（青森県外ヶ浜町）に展示されている１９６５（昭和40）年のトンネル構成図を見ると、トンネル内の勾配が20パーミルとなっていて、トンネルの長さは、海底部が２２・０キロメートル、陸底部が１４・４キロメートル、合計３６・４キロメートルとなっています。これは、青函トンネルが当時、在来線用として計画されていたことを証明する貴重な資料です。しかし、新幹線規格への変更のために勾配を12パーミルに抑えた結果、実際の青函トンネルの長さは、海底部２３・３キロメートル、陸底部３０・５５キロメートル、合計５３・８５キロメートルとなり、勾配を緩和したことで、海底部に取り付く陸底部の距離が、倍以上になってしまいました。

12パーミルは、東海道新幹線の最急勾配がひとつの目安となったもので、１９６４（昭和39）年に制定された「新幹線鉄道構造規則」第2章の第15条（線路の勾配）で、「線路の最急勾配は千分の十五（15パーミル）とする」と規定されました。ただし、「地形上等のため前項（千分の十五）によることが困難である区間では列車の動力発生装置、動力伝達装置、走行装置及びブレーキ装置の性能を考慮して千分の三十五（35パーミル）とすることができる」とする例外条項がのちに追記されています。そのため、1975（昭和50）年3月に開通した山陽新幹線の新関門トンネルの最急勾配は18パーミルとなり、長野新幹線（北陸新幹線）の高崎～軽井沢間には、30パーミルの勾配が存在しています（→P98）。

こうして見ると、青函トンネルの勾配を12パーミルに制限したのは、硬直的な判断だったとも考えられます。しかし、航空機との競合を意識した東京～新函館北斗間の所要時間「4時間の壁」への挑戦や、貨物列車が通る在来線との併用といったことを考えると、トンネルの長さを17キロメートル伸ばしてでも12パーミルに抑えたのは、建設コストを度外視すれば、間違いではなかったといえるかもしれません。

青函トンネルは、最深地点が240メートルで、水深140メートルに対して100メートル以上の土被り（→P42）を確保しました。水深14メートルで、土被りを10メートルとした関門トンネルと比較すると、

青函トンネルの構造

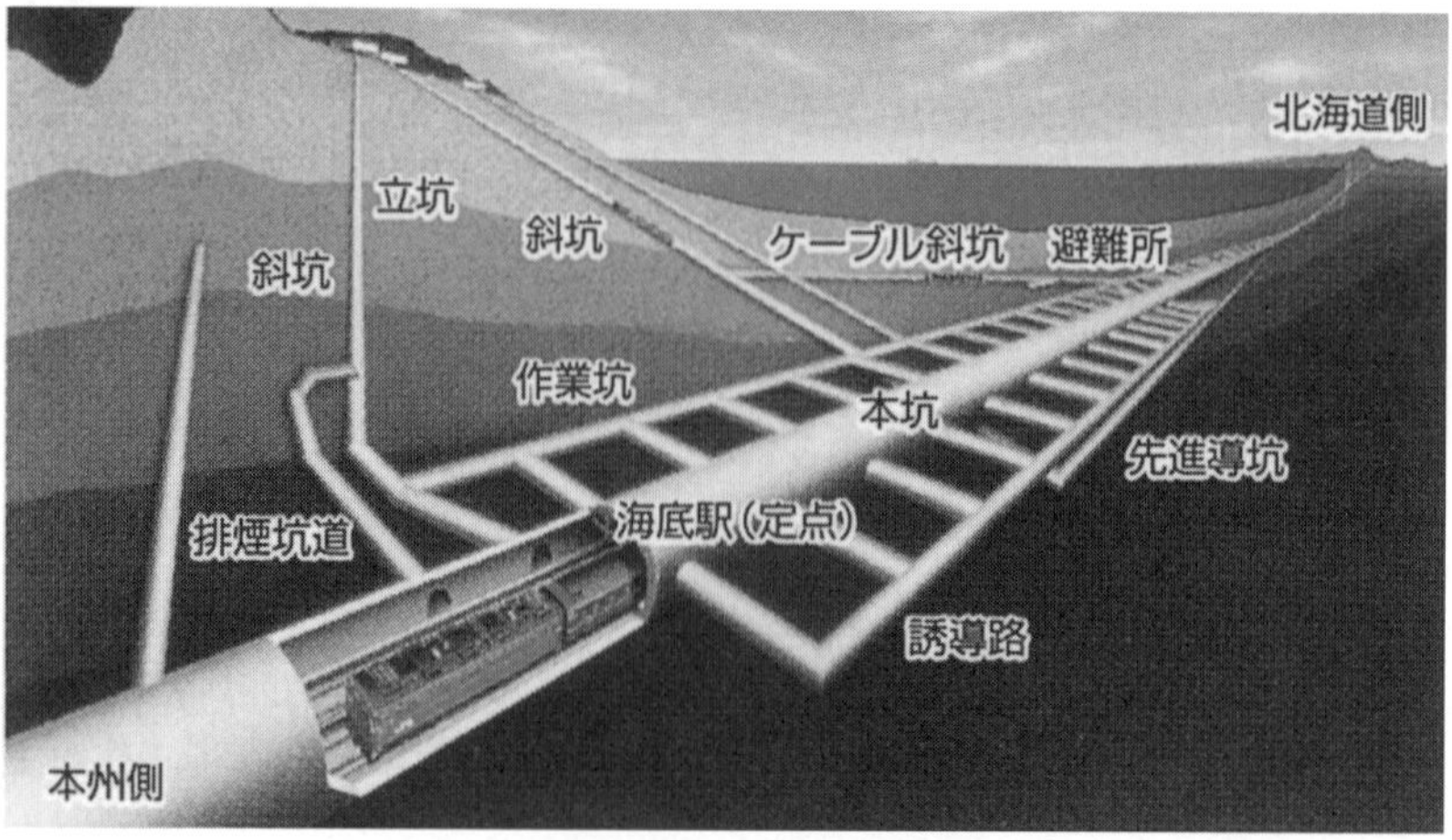

列車が通る本坑のほかにも、青函トンネルの建設では、先進導坑や作業坑、立坑や斜坑などが掘られた。

提供：一般財団法人 青函トンネル記念館

どちらも10倍になっています。

また、非常事態が発生した場合の避難ルートを確保するため、両岸の陸底部からわずかに海底部寄りには、列車から降りて待機できるスペースを設けることになりました。このスペースは、海底トンネル見学用の竜飛《たっぴ》海底駅と吉岡海底駅となりましたが、2014(平成26)年、新幹線への対応工事が青函トンネルで行なわれることになると、知内《しりうち》駅(北海道知内町)とともに廃止されました。いまでは、本州側が竜飛定点、北海道側が吉岡定点とよばれています。

この定点と地上との間には、階段(竜飛定点が2247段、吉岡定点が2102段)のほか、15人乗りのケーブルカーを設置しています。ただし、特急列車から煙が発生した2015(平成27)年の事故では、竜飛定点からの脱出に長時間を要し、トンネルからの避難誘導に課題を残しました。

青函トンネルの工事では、関門トンネルと同じく、海底の地質や水の出方を確認するための先進導坑(関門トンネルでは試掘坑道)を掘りましたが、さらにもう1本、本坑を掘る前に、作業坑を掘っています。

本坑を含めた3本のトンネルの位置関係は、作業坑は、本坑下側のわずか30メートル離れた位置に並行していて、先進導坑は、本坑と作業坑の中央下部にあります(立体図→p38〜39)。作業坑と本坑は、600メートルごとに横坑(連絡坑/→P38)をとおして連絡していて、トンネル完成後は、作業用の自動車などを用いた保守作業に使用しています。一方、先進導坑と本坑も連絡坑でつながっていて、本坑に流入する地下水の排水設備として、先進導坑を使用しています。

なお、トンネルの断面は、本坑が、幅9・7メートル、高さ7・85メートルで、作業坑が、幅4・0メートル、高さ3・47メートル、先進導坑が、幅3・6メートル、高さ3・07メートルとなっています。

●トンネル工事の開始

青函トンネルは、日本鉄道建設公団（鉄建公団）がつくることになりました。鉄建公団は、鉄道新線の建設推進を目的に、政府と国鉄の共同出資で、1964（昭和39）年に設立された特殊法人です。

53・85キロメートルに及ぶトンネル工事は、9つの工区に分割し、工区ごとに9社（またはJV*）が受託して行なうことになりました。9工区の内訳は、本州側陸底部が4工区（浜名、増川、算《さん》用師《ようし》、袰内《ほろない》）、本州側海底部が1工区

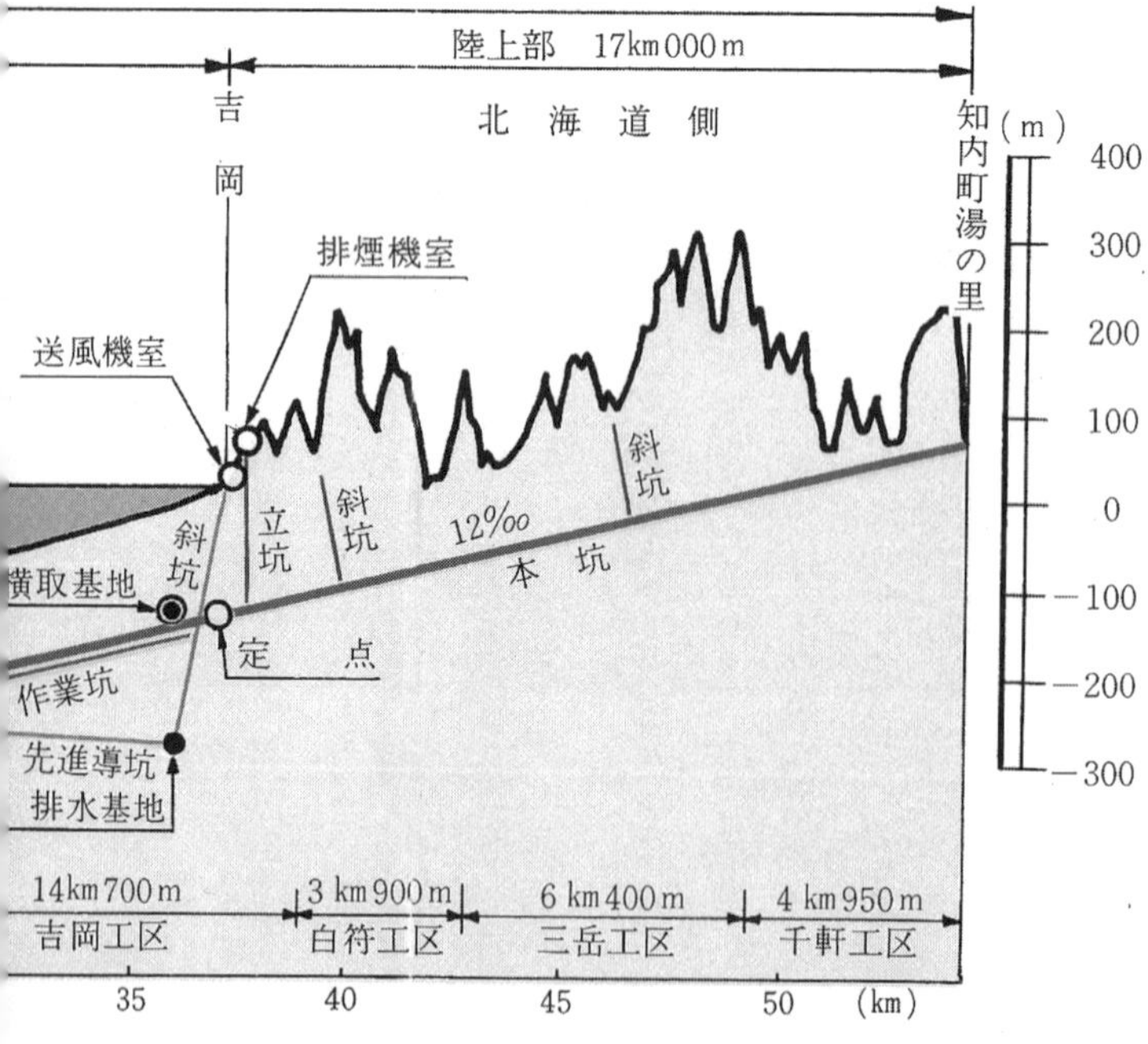

（竜飛）、北海道側海底部が１工区（吉岡）、北海道側陸底部が３工区（白符《しらふ》、三岳、千軒）でした。

　青函トンネルの工事は、北海道松前郡福島町吉岡で着工式を行ない、吉岡斜坑の工事が、１９６４（昭和39）年に始まります。本州側でも、１９６６（昭和41）年３月に竜飛斜坑の工事が始まりました。そして、北海道側では、吉岡斜坑が１９６７（昭和42）年３月に斜坑底に到達し、続いて先進導坑の掘削が始まり、翌１９６８（昭和43）年12月には、吉岡作業坑の掘削も始まりました。本州側でも、１９７０（昭和45）年１月、竜飛斜坑が斜坑底に到達し、先進導坑の掘削が始まるとともに、７月には、竜飛作業坑の掘削も始まりました。その後、

青函トンネルの断面図

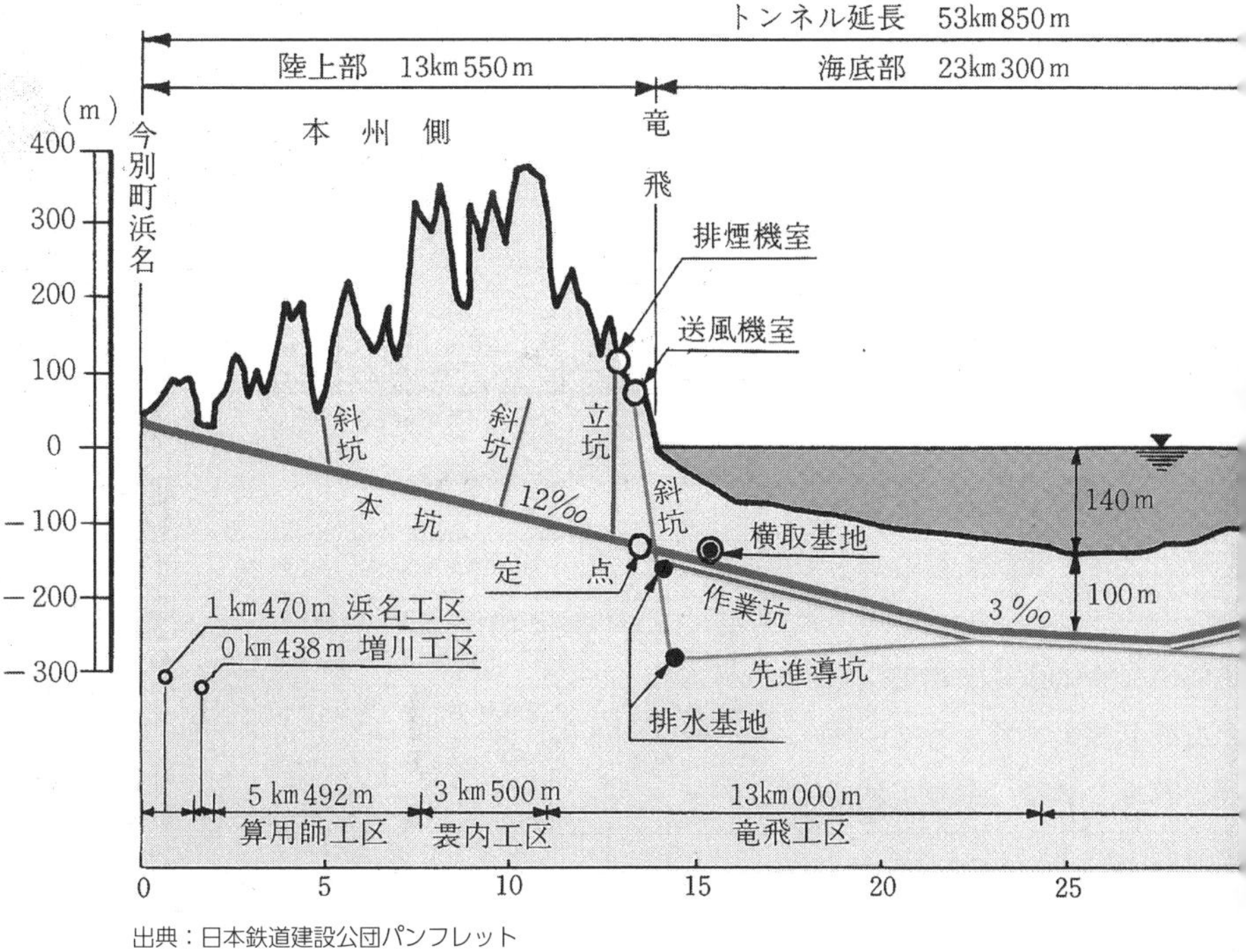

出典：日本鉄道建設公団パンフレット

１９７６（昭和51）年には本坑の掘削工事が始まったため、海底部では、本坑、先進導坑、作業坑の３つのトンネルの工事を、並行して行なうようになりました。

一方、陸底部では、４か所の斜坑（算用師、袰内、白符、三岳）の工事の開始が１９７１（昭和46）年にずれ込みました。これは、青函トンネルの新幹線規格への変更を見込み、１９７０（昭和45）年の整備新幹線計画の正式決定を待っていたのではないかと考えられています。

＊ＪＶ…大規模な工事を複数の企業が協力して請け負う「ジョイントベンチャー」のこと。

●トンネル工事の状況

トンネルを掘ることになる海底から１００メートル下の地質は、堅固な岩盤の層と軟弱で地下水を多量に含んだ層が混在していました。このため、トンネルボーリングマシン（ＴＢＭ／↓Ｐ34）を使用し、地質や地下水の状況を調査しながら、先進導坑を掘り進めていきました。その結果、難しいとされる水平方向へのボーリングでは、２１５０メートルの世界最長記録を樹立しています。

掘削は、一般的な山岳工法（↓Ｐ33）で行ない、シールド工法（↓Ｐ43）は用いませんでした。掘削方式は、先進導坑には、ＴＢＭによる機械掘削方式（↓Ｐ34）を用い、作業坑と本坑には、火薬（ダイナマイト）による発破掘削方式（↓Ｐ34）を用いました。

断面掘削工法では、部分断面掘削工法（↓Ｐ35）を採用し、地質が良好なところでは底設導坑先進工法（↓Ｐ36）を用いましたが、半分以上を占める軟弱な地質のところでは、側壁導坑先進工法

（→P36）を用いました。側壁導坑先進工法では、本坑の両側の側壁となる部分に沿って2本の導坑を先進させ、その導坑から、本坑の大きさに応じた範囲の地盤に、セメントミルクと水ガラスの混合物を高圧ポンプで注入し、セメントで硬い地盤をつくってから掘り進みました。青函トンネルの工事で使用した混合物の量は、霞が関ビル1・6杯分に相当する、87万7000立方メートルに達しました。

側壁導坑先進工法で掘削を進める、青函トンネルの本坑。
写真提供：独立行政法人 鉄道建設・運輸施設整備支援機構

支保（→P33）については、JR北海道の青函トンネル公式ホームページに「コンクリート吹付工法やロックボルト工法が初めて実用化された」とあります。しかし、青函トンネルの工事では、17万トン（東京タワー57基分）の鋼材が使われたといわれているので、支保は、鋼製の支保工を使って行なったと考えられます。そのため、コンクリート吹付工法は、丹那トンネルの工事で用いたセメント注入工法（→P179）と同じく、掘削後の出水を抑止するための措置と考えられます。また、ロックボルト工法は、ボルトを打ち込むことで、掘削後の岩盤の崩壊を防ぐ工法ですが、本来は、膨張性や拡張性のある硬い岩盤に施す工法です。青函トンネルでも、そのような地質の場所があったのでしょうが、海底部の竜飛工区を請け負ったＪＶの一社の熊谷組が、ロックボルトを用いたＮＡＴＭ《ナトム》（新オーストリアトンネル工法／↓Ｐ40）の研究に熱心で、のちに、上越新幹線の中山トンネル（↓Ｐ240）の工事で、ＮＡＴＭを初めて導入しているので、熊谷組が実地試験を兼ねて行なったのではないかと考えられます。

青函トンネルの工事は、丹那トンネルほどではありませんでしたが、水との闘いといわれ、工事中に4回の異常出水事故が発生しています。なかでも、１９７６（昭和51）年5月6日の事故では、毎分70トンの水が作業坑へ流入し、何とか本坑を介して先進導坑から排出できたものの、作業坑が３０００メートル、本坑が１４００メートル水没し、復旧に１６２日を要しました。

一方、陸底部の工事は、１９７５（昭和50）年までに各工区の斜坑が斜坑底へ到達し、１９７８（昭和53）年10月に北海道側が、１９８１（昭和56）年7月に本州側が、それぞれ貫通しました。

海底部では、１９７９（昭和54）年9月に竜飛作業坑が、翌１９８０（昭和55）年3月には吉岡作業坑が、それぞれ完成しました。そして、１９８３（昭和58）年1月には先進導坑が貫通し、１９８５（昭和60）年3月10日、本坑がすべて貫通しました。

その後、切り拡げと覆工を実施し、工事開始から23年の歳月を経た１９８７（昭和62）年11月、青函トンネルは完成しました。この時点で、すでに国鉄は分割民営化され、ＪＲとなっていました。工事では、34名の犠牲者を出し、延べ１３７０万人の作業員を投入しました。

本坑貫通時の青函トンネル。新たな試みや新しい技術が取り入れられ、工事開始から 21 年の歳月をかけて貫通した青函トンネルは、日本のトンネル技術の進歩を世界に知らしめた。

写真提供：鹿島建設株式会社

完成した青函トンネルの内部。幅 9.7 メートル、高さ 7.85 メートルのトンネル内は、３階建てのビルが収まる大きさ。

写真提供：独立行政法人 鉄道建設・運輸施設整備支援機構

開業とその後

1988（昭和63）年3月13日、海峡線（中小国信号所～木古内）の開業で、青函トンネルに列車が走るようになりました。青函トンネルは、JR北海道の管轄となりましたが、1兆1000億円の建設費相当額を同社に負わせるわけにはいきませんでした。そこで、いったん国鉄債務累計に計上したのち、国鉄分割民営化の枠組みのなかで、鉄建公団（現在の鉄道建設・運輸施設整備支援機構）が所有し、受益者となるJR北海道が、使用料を支払う仕組みとしました。しかし、JR北海道の経営状況を勘案し、同社が支払う年間使用料は、機構が負担する年間維持管理費相当額（5億円程度）としたため、負債の償還には結びつかず、実質的には、税金でつくった国有資産となっています。

青函トンネルを抜け、青森に向かう快速「海峡」。

青函トンネルの開通により、北海道と本州を結ぶ鉄道貨物輸送は、飛躍的に改善しました。その一方で、旅客列車については、上野と札幌を結ぶ寝台特急「北斗星」の運行が注目を浴びた程度で、廃止となった青函連絡船の代替輸送手段という位置づけから、乗車券だけで乗れる快速「海峡」を主体に運行しました。

北海道新幹線は、1987（昭和62）年に整備新幹線計画の凍結が解除されたものの、建設は後回しにされ、一時は、スーパー特急方式[*1]とする案が出されました。ようやく1998（平成10）年に、新青森～札幌間はフル規格[*2]で新幹線を建設することが確認され、２００５（平成17）年には新青森～新函館北斗間の工事が始まり、２０１６（平成28）年3月26日に開業しました。

現在、１日あたり13往復の新幹線（定期列車）に加え、20往復程度の貨物列車が青函トンネルを走っていますが、ＪＲ北海道にとっては、支払っている使用料にくらべ、得られる運賃収入が微々たるものなので、経営の重荷になっているといわれています。さらに、常に海水にさらされるため、設備の劣化が進行しやすいこともあり、日常的な維持・管理費は増加傾向にあります。加えて、数十年おきに１０００億円単位の補修費がかかるといわれ、これらの費用を、ＪＲ北海道が支払う使用料に上乗せすることが現実的でないのは明らかで、結局、誰が負担するのかは、自明の理です。

それにもかかわらず、トンネル内での新幹線の最高速度を時速１４０キロメートルに制限する原因となっている貨物列車のために、もうひとつ青函トンネルをつくり、新幹線のスピードアップを図ろうという趣旨で、期成同盟会が発足したとの報道がありました。いまだに公共事業一遍主義とは、驚きです。青函トンネルは、高度経済成長期の日本の国威を象徴するインフラ事業として建設されましたが、将来に厄介な問題を引き継ぐことになりそうです。

＊1 スーパー特急方式…フル規格の新幹線が走行できる路盤（軌道を支える地盤）で狭軌（軌間1067ミリメートル）の新線を建設し、最高時速160キロメートル以上で列車が走行できるようにする方式。

＊2 フル規格…おもな区間を時速200キロメートル以上で走行し、踏切を設けない直線的なルートで、標準軌（軌間1435ミリメートル）であることなど、新幹線の規格を満たしていること。

中山トンネル

歴史に残る水との闘い

中山トンネルは、群馬県北部の渋川市と沼田市の境にある子持山の西麓から月夜野高原の下を貫きます。度重なる出水などで工事は難航し、上越新幹線の開業が遅れる原因となりました。とくに、「八木沢層」という断層の突破は困難を極め、掘削ルートを二度変更しました。そのため、新幹線の基準を上回る急な曲線が生じ、通過列車の速度が制限されています。

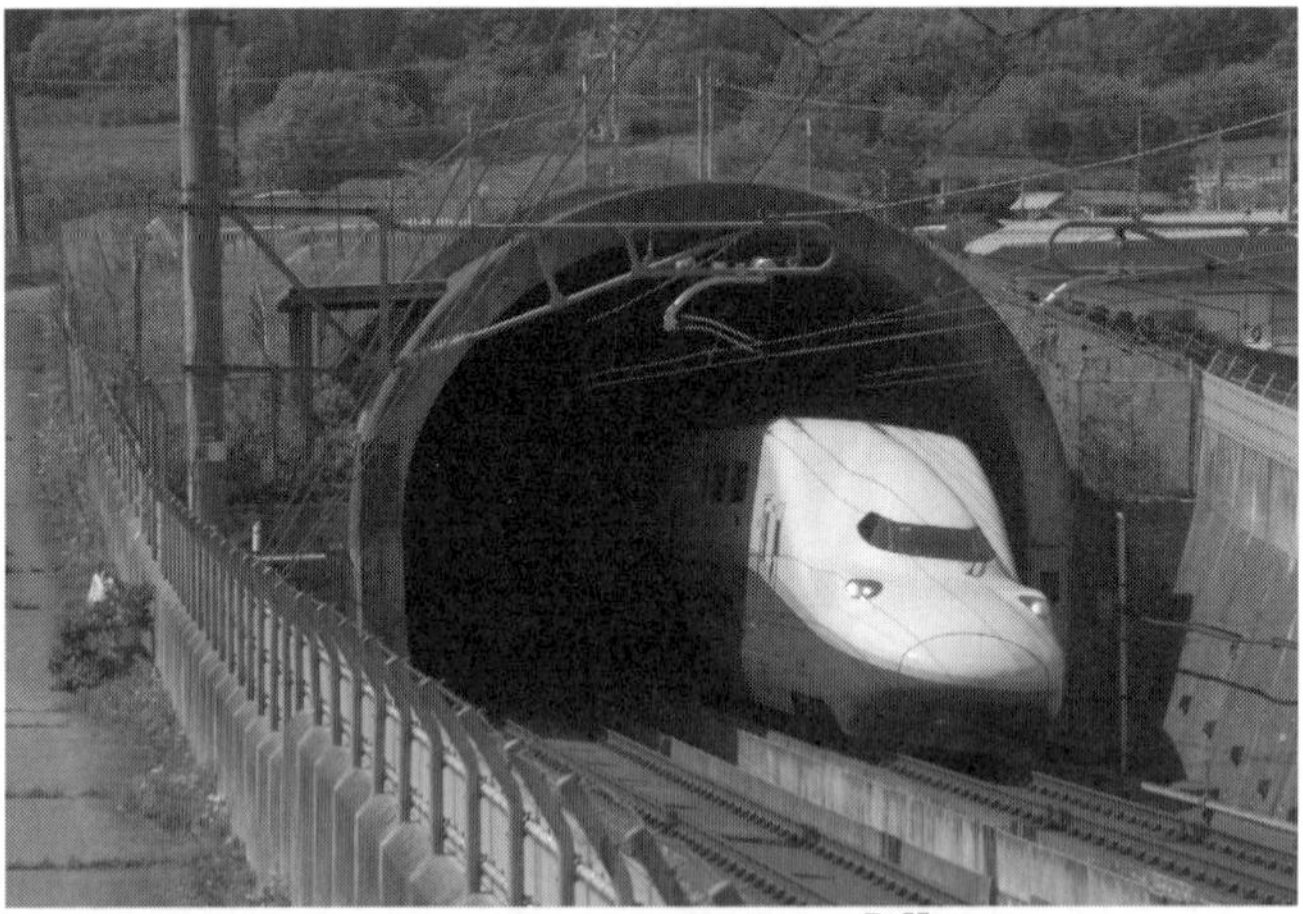

中山トンネルを抜け、新潟方面に向かう、上越新幹線の「Max《マックス》とき」。

中山トンネル

開通年：1982（昭和 57）年
長さ：14857 メートル
区間：高崎～上毛高原
（上越新幹線）

不十分だった事前調査

1971（昭和46）年1月に公示された上越新幹線建設の基本計画によると、完成は5年後の1976（昭和51）年度とされました。これほどまでに完成を急いだ背景には、新潟県出身の大物政治家への忖度《そんたく》があったのではないかともいわれています。

上越新幹線の建設では、上越国境を貫く大《だい》清水トンネル（22221メートル／↓P159）が注目を浴びました。そうしたなか、その手前の高崎〜上毛高原間では、上越線と同じ利根川沿いのルートではなく、高崎から、榛名山東麓、子持山西麓、月夜野高原の地下をトンネルで貫通するルートを選択したので、吾妻渓谷をはさんで、榛名トンネル（15350メートル）と中山トンネル（14857メートル）を建設することになりました。

中山トンネルでは、1972（昭和47）年から翌年にかけて、地上からのボーリングによる地質調査と弾性波探査（↓P194）を行ないました。ところが、時間的に余裕がなかったため、十分な調査ができずに解析を行なうことになりました。この解析結果により、地質縦断面図が作成され、トンネル周辺の地質は、3000万年前に堆積した猿ヶ京層群という、堆積岩のなかでも、固結して湧水の少ない緑色凝灰岩《りょくしょくぎょうかいがん》が広く分布する良好な地盤だと診断されました。しかし、わずか12本のボーリング調査で、14・8キロメートルに渡る地質の全貌を断定するには無理があり、礫や砂などで構成された水を通しやすい「透水層」を見落としていたことが、中山トンネルの難工事を招きました。

●工区割り

上越新幹線の工事は、日本鉄道建設公団（鉄建公団）が行なう初の新幹線工事となり、中山トンネルの工事は、東京新幹線建設局高山鉄道建設所が担当しました。鉄建公団は、完成を急ぐ上越新幹線の工期を短縮するため、工区を6つに分け、施工業者に工事を委託しました。6つの工区には、トンネル入口（高崎側）から、小野上南、小野上北、四方木《しほうぎ》、高山、中山、名胡桃《なぐるみ》と名称が付けられました。

山岳トンネルの工事では、出入口に接しない中間工区へは、斜坑（↓P38）または横坑（↓P38）によって本坑の掘削位置に取り付くのが一般的です。しかし、4つの中間工区のうち、

中山トンネルの工区

工区名（入口から）	長さ（メートル）		取り付き方法	施工事業者
	予定	実績		
小野上南	2900	4720	入口（横坑）	鉄建建設
小野上北*	1690		斜坑（810メートル）	三井建設
四方木	2900	1070	立坑（371.6メートル）	佐藤工業
高山	2900	2827	立坑（295メートル）	大林組
中山	2800	4600	立坑（312.9メートル）	熊谷組
名胡桃	1640	1640	出口	清水建設
全長	14830	14857		

＊斜坑の工事が中止となり、小野上北工区はなくなった。

高架橋の先の斜面にある、中山トンネルの入口。小野上南工区では、坑口に取り付くためのトンネルとして、横坑が掘られた。

中山トンネルの出口。周囲と同じ高さにあるので、取り付きトンネルは必要なかった。

四方木、高山、中山の3工区の周辺は、谷筋のない高原状の地形なので、斜坑や横坑を設けることができませんでした。そこで、300メートルほどの深さの立坑（→P38）を掘ることになり、3工区とも、各工区の高崎寄りに設けることにしました。

山岳トンネルの工事で、これほど深い立坑を掘るのはまれです。立坑をつくるにあたり、佐藤工業、大林組、熊谷組の各社は、経験者がいなかったため、技術者を炭鉱に派遣し、技術の習得に努めました。ところが、地質年代が古い地層を掘っている炭鉱で得た技術は、比較的新しい時代の地層を掘ることになる中山トンネルの工事ではほとんど役に立たず、立坑の工事に手間取ったことが、中山トンネルの工期を大幅に遅らせる一因となりました。

なお、4つの中間工区のうち、小野上北工区については、斜坑を設けることにしました。

難航した取り付きトンネルの工事

両側の坑口（出入口）に接する小野上南と名胡桃工区以外の4つの中間工区では、立坑や斜坑といった取り付きトンネルの工事が始まり、次のように進みました。

四方木立坑――すさまじい湧水が招いた工事の遅れ

四方木立坑の工事は、1972（昭和47）年2月に始まり、深度371・6メートル、内径6・0メートルの立坑を掘ることになりました。

立坑を掘るには、数十メートル掘削してから覆工する「ロングステップ工法」と、数メートル掘削してすぐに覆工する「ショートステップ工法」があります。実際に掘ってみると、地質が軟弱だったため、ショートステップ工法を用いました。

ところが、深度85メートル付近から湧水の量が増加し、工事の進行が不可能になりました。そこで、試行錯誤した結果、掘り下げた穴の底から下に向けて多数のボーリングを行ない、そこにセメントミルクと水ガラスの混合液を注入し、あらかじめ坑底の地質を改良することで、湧水を抑えてから掘り下げることにしました。これは、坑底注入工法といい、側壁導坑先進工法（→P36）の原理を立坑の掘削に応用したものです。

それにもかかわらず、地下水が湧き出す威力はすさまじく、坑底にコンクリートを流し込んでつくった厚さ2～3メートルのコンクリートカバーが水圧で持ち上がってしまうため、その厚さを7メートルにまでしなければなりませんでした。

深さを増すにつれ、水圧はさらに増大し、坑底注入工法による作業を何度も実施することにな

湧水に伴い行なわれた、坑内の水抜きの様子。

り、一連の作業に相当な時間を要しました。その間、掘削作業ができず、大幅な工事の遅れが生じることになりました。

また、立坑の工事で出た大量の地下水を吾妻川の支流に放流したので、そのことで汚染された川の水質の改善にも取り組まなければなりませんでした。

悪戦苦闘の末、ようやく四方木立坑が完成したのは、1976（昭和51）年の8月でした。それは、本来であれば、上越新幹線の全線開業とされた時期でした。

中山立坑――順調に進んだ工事

四方木立坑に続き、深度312・9メートル、内径6・0メートルの中山立坑に着工したのは、1972（昭和47）年7月でした。掘る場所には、良好な緑色凝灰岩層が隆起していたので、湧水による苦労は、ほとんどありませんでした。そのため、四方木立坑と後述の高山立坑の工事が難航しているのを横目に、工事は順調に進み、翌1973（昭和48）年10月には、坑底に到達しました。

高山立坑――苦労した地下水への対策

深度295メートル、内径6・0メートルの高山立坑の工事は、1972（昭和47）年8月に着工しました。

この工区を担当した大林組は、立坑を掘削する場所には、かなり浅い地点まで地下水の滞留があることを事前に調査していたため、掘削に入る前に、地上からのボーリングによって薬液の注入を行ないました。それでも、地上からでは止水の確認ができなかったため、どの程度の効果があったのかは、分かりませんでした。

翌1973（昭和48）年1月からは、ショートステップ工法によって掘削工事を始めましたが、地下50メートル付近で湧水に見舞われ、掘削できなくなったため、四方木立坑で実施していた坑底注入工法を行なうことになりました。

しかし、坑底注入工法は、作業効率が悪く、コストがかかるため、大林組は、深井戸掘削工法という工法を用いて、地下水対策を行なうことにしました。深井戸掘削工法は、立坑の周囲に直径30センチメートルの穴を8本、深さ200メートルまで掘り、その穴からポンプで地下水を汲み上げ、水位を下げる工法です。

ところが、1本あたり毎分3トンの排水能力があるポンプを8本用いて毎分24トンの排水をしばらく続けたものの、水位の低下は100メートル以下にとどまりました。また、排水によって大量に出た冷たい地下水が、周囲の水田に低温被害を与えてしまったため、深井戸掘削工法を断念し、坑底注入工法に戻しました。

その後も、坑底注入工法による作業を繰り返しながら掘り下げていくと、深さ200メートル付近で堅固な安山岩層に遭遇し、そこからは順調に工事が進みました。それでも、坑底に到達したのは、四方木立坑よりわずかに早い、1976（昭和51）年の6月でした。

小野上北斜坑――湧水で断念した斜坑の掘削

小野上北斜坑は、１９７３（昭和48）年3月に着工し、入口から３・２キロメートルの地点に１４・５度の傾斜で到達し、長さが８１０メートルとなる予定でした。しかし、掘削を始めたときから湧水が多く、おおよそ４５７メートルを掘り進んだ１９７４（昭和49）年9月27日に、ついに切羽（↓P35）が崩壊して毎分３４０トンの地下水が10分以上噴出する大事故が発生し、斜坑口付近一帯の民家が床下浸水しました。

事故発生後、復旧工事を進めるとともに、ボーリング調査によって地質を確認したところ、出水地点の周辺に、20万立方メートルに及ぶ地底湖のような大滞水塊があることが判明しました。

そこで、現行ルートでの掘削をあきらめ、坑口から１８８メートルの地点から、大滞水塊を回避したルートで掘り直すことが決まり、１９７５（昭和50）年11月に着手しました。ところが、掘り進めると、旧斜坑の湧水が減少し、その分が新斜坑から出水するようになったため、工事を中止して再度調査を行ないました。その結果、新斜坑を掘っている場所も、大滞水塊の影響を受ける範囲内だということが判明したため、新斜坑の工事を中止することになりました。

この時点で、鉄建建設が担当の入口から２９２０メートルの工事は、小野上北工区との境まで残り５１０メートルのところまで達していました。そのため、鉄建建設が、引き続き小野上北工区の本坑１６７０メートルを担当することになり、小野上北工区を請け負っていた三井建設は、契約を解除されてしまいました。

●再度行なった地質調査

四方木工区と高山工区の立坑とともに、小野上北工区の斜坑の建設が、大量の湧水によって想定外の難工事となったため、工事関係者の間に、当初の地質縦断面図に対する疑念が生じました。このため、鉄建公団は、地質調査を再度実施せざるを得なくなりました。そこで、1976（昭和51）年に70本以上のボーリングによる追加調査を行ない、新たな地質縦断面図を作成しました。

再調査の結果、小野上北斜坑付近から高山立坑付近にかけての堆積岩は、緑色凝灰岩を主体とする固結した猿ヶ京層群ではなく、実際には、わずか数百万年前に堆積した八木沢層という未固結凝《みこけつぎょう》灰角礫岩《かいかくれきがん》で、20気圧近い水圧のかかった大量の地下水を含んでいることが判明しました。

この八木沢層は、閃緑岩《せんりょくがん》で形成された地層の不整合面（かつての地表面／↓P30）の上に堆積しているため、トンネル内の線形を変更すれば、起伏状に分布している八木沢層を回避することは可能でした。しかし、国鉄は、開通後に速度制限が生じることを嫌い、曲線半径を2500メートル以上とする新幹線鉄道構造規則を堅持する姿勢を崩さなかったため、中山トンネルの工事は、あえて八木沢層を突破する道を選択することになりました。

なお、当初開業予定とされた1976（昭和51）年度の時点で、四方木工区と高山工区では、まだ本坑の工事に着手していない状況だったので、国鉄は、上越新幹線の開業予定を1980（昭和55）年度に延期しました。

●本坑の工事

立坑の工事を終えた3つの中間工区（中山工区、四方木工区、高山工区）では、本坑の工事が始まりました。しかし、3工区とも、出水などにより、難工事を強いられることになります。

中山工区――新たな工法の導入で岩盤の膨張を克服

中山工区は、名胡桃工区と高山工区の間の2800メートルにあたり、熊谷組が担当しました。本坑の掘削は、坑底に到達した中山立坑から、底設導坑先進工法（↓P36）によって1974（昭和49）年7月に始まりました。

立坑から新潟側に向かって掘り進めると、地層を構成する緑色凝灰岩の強度が低く、土被り（↓P42）の圧力により、掘削した岩肌が次第に膨張する現象が生じ始めました。そのため、せっかく掘った坑道が狭くなってしまい、縫い返し（掘り直し）が必要となりました。そこで、部分的な覆工を早める目的で、側壁導坑先進工法に変更しました。ところが、地山の膨張は鋼鉄製の支保工（↓P40）でも抑えることができず、支保工の横方向への変形や路盤の浮き上がりにより、工事の継続が困難となりました。さらに、岩盤の膨張に伴う地山（↓P30）からの発熱により、坑内の温度が40度を超え、体調を崩す作業員が続出したため、1975（昭和50）年7月に、工事はいったん中止となりました。

その間、熊谷組では、岩盤の膨張を抑える方策を研究し、1976（昭和51）年5月からロックボルトと可縮支保工の試験施工を実施しました。ロックボルトは、トンネル周辺の岩盤に打ち込む、長さ2～3メートルの特殊なボルトで、人工的に岩盤を強化し、膨張を抑えます。また、可縮支保工は、支保工の柱に可縮継手を入れ、膨張に伴う変形に対応するものです。

試験施工の結果、ロックボルトによる膨張抑止効果が確認されたため、熊谷組では、NATM《ナトム》（新オーストリアトンネル工法／↓P40）を導入することにしました。NATMは、1960年代にオーストリアの技術者によって開発され、ヨーロッパなどでは主要な工法でしたが、このころの日本では、ま

膨張した岩肌で、狭くなってしまった坑道。支保工の変形や路盤の浮き上がりが見られる。

写真提供：株式会社熊谷組

だ使われていませんでした。

1977(昭和52)年3月、この時点ですでに掘削を終えていた名胡桃工区側から、ショートベンチカット工法(↓P35)による迎え掘りを実施するとともに、国内で初めて本格的なNATMの運用を行なうことで工事を再開し、10月には、立坑から新潟側が貫通しました。

一方、立坑から大宮側の区間は、500メートル程度でした。しかし、1979(昭和54)年3月に起きた四方木工区での出水事故(↓P252)により、工区割りを見直したため、高山工区の中山工区寄り1800メートルの工事は、引き続き熊谷組が行なうことになりました。そして、1981(昭和56)年12月、この区間の工事が竣工しました。

なお、中山工区で日本初のNATMを導入したことで、鉄建公団と熊谷組は、昭和53年度土木学会技術賞を受賞しています。

四方木工区――最初の大出水事故と最初のルート変更

四方木工区は、1972(昭和47)年2月に着工したものの、立坑の建設に4年以上を要したため(↓P245)、本坑の工事に着手できたのは、1977(昭和52)年12月でした。

その立坑の工事で湧水に苦労した経験から、まずは、工区周辺に対する水平ボーリングを実施し、地質調査を行ないました。すると、本坑では、立坑到達地点を含む780メートルの区間が高圧な湧水を伴う八木沢層にかかってはいるものの、本坑東側(出口に向かって右側)には堅固な閃緑岩の層が張り出していることが判明しました。そこで、八木沢層を迂回する先進導坑（迂回坑／→P39）を閃緑岩の層に設けて切羽（→P35）を増やすとともに、八木沢層の裏側から薬液を注入して地質の改良を図ることにしました。

迂回坑は、立坑到達地点付近から東へ直進し、八木沢層が分布している形状にあわせて、大宮側は140メートル、新潟側は100メートルの最大離隔で、本坑と平行して掘り進められました。さらに、新潟側では、薬液を注入するための導坑を、本坑から40メートルの離隔で、迂回坑から分岐して設けることになりました。

ところが、1979（昭和54）年3月18日の夜、その薬液注入用の導坑を277メートル掘り進んだところ、毎分80トンの水が突然噴出しました。水は、あっという間に止水壁を乗り越え、地下の電気室が浸水してしまいました。そのため、ポンプが作動できなくなり、エレベーターも停止してしまいましたが、作業員51名は必死で立坑をはい上がり、間一髪で脱出することができました。

この出水事故により、水位が立坑の底から250メートルに達し、四方木工区は完全に水没してしまいました。原因は、八木沢層との間隔を4メートル確保して導坑を掘っていたものの、八木沢層の水圧が予想以上に高く、一部のもろい地質に応力*が集中し、崩壊に至ったのだと推定されました。

四方木工区を復旧させるには、出水場所の薬液注入基地を埋め戻さなければなりませんでした。そこで、現場の360メートル上の地上からボーリングを実施し、そこからセメントミルクとモルタルを流し込む作業を行ない、止水を確認してから、ポンプによる排水作業を行ないました。それによって排水作業が終了したのは、事故発生から6か月後の9月17日でした。

そこから、電気系統の復旧工事とともに、エレベーターやポンプなどの機器を交換する作業を行ないましたが、大量に投下したセメントミルクとモルタルが迂回坑に堆積していて、これを除去する必要がありました。その間、出口側からの本坑掘削工事に着手できないので、隣接する高山工区から導坑を貫通させ、新潟側から応援の掘削を行なうことにしました。そのため、最終的に四方木工区の復旧工事が完了したのは、1980（昭和55）年2月末でした。

この大出水事故を契機に、強引に八木沢層を通過する方針を疑問視する声があがり、八木沢層を可能な限り回避することが望ましいとの結論に至りました。

八木沢層は、途中、780メートルに渡って分布していましたが、その形状は、本坑の東側が薄いため、線路を東側に振れば、八木沢層を外すことができました。ただし、この区間の線路を振るには、すでに掘り終えた両側の工区も含めてトンネルを掘り直すか、曲線を挿入しなければなりませんでした。結局、トンネルの掘り直しは論外とされ、曲線の挿入による線形変更を検討することになりました。

その結果、新幹線鉄道構造規則に定められた最小曲線半径2500メートル（当時）で線路を東側に振ると、最大で85メートル東へ離れ、八木沢層の通過が780メートルから280メートルに短縮できることが判明し、1979（昭和54）年9月、この線形変更が承認されました。

なお、この出水事故により、国鉄は、1980（昭和55）年度中の上越新幹線の開業を断念し、開業時期を再度延期して、1982（昭和57）年度に予定されている東北新幹線の開業と同時にすることにしました。

＊応力…物体が外から力を受けたときに、それに応じて内部に現われる抵抗力。

高山工区——再度の大出水事故と再度のルート変更

四方木工区と同じく、高山工区は、立坑の工事に手間取ったため（↓P245）、1977（昭和52）年6月に本坑の工事に入りました。立坑の坑底付近は堅固な安山岩や閃緑岩の地層だったこともあり、立坑から新潟側への工事は、順調に進みました。

ところが、1979（昭和54）年3月に四方木工区の出水事故が発生したことで、工区割りの見直しを行なったため、高山工区の新潟側に残る区間は、中山工区が担当することになり（↓P251）、高山工区は、大宮側に向かって、本来であれば四方木工区が担当する区間の工事を行なうことになりました。

立坑から大宮側の区間も、しばらくは地質が良好だったため、順調に進みましたが、その後、八木沢層に直面したため、高山工区でも迂回坑を設けることになり、四方木工区の事例にならい、当初、東側を探っていきました。それでも、どうしても八木沢層が途切れないため、逆に西側を探ったところ、閃緑岩の層があることが判明したので、反対の西側に迂回坑を設けることになり、1979（昭和54）年10月に完成しました。

こうして、八木沢層を攻略するため、迂回坑を掘り終えた地点から新潟側に戻るように本坑の掘削を行なうとともに、四方木工区で掘削を中断した地点に向かって掘り進んだところ、1980（昭和55）年2月、四方木工区と導坑が貫通しました。

一方、新潟側では、八木沢層に薬液の注入を行ないながら掘り進めていきましたが、1980（昭和55）年3月8日、坑道が突然崩壊し、毎分40トンの地下水が噴出しました。そして、導坑を通じて、復旧したばかりの四方木工区にも水が流入したため、両工区では、排水ポンプを使って、何とか凌ぎました。

ところが翌日、二次崩壊が発生し、今度は毎時110トンの地下水が噴出したため、高山工区と四方木工区の両方が、完全に水没してしまいました。両工区の復旧は11月までかかり、この時点で、東北新幹線との同時開業は断念せざるを得なくなりました。復旧したばかりの四方木工区が再び水没したことに、関係者は相当なショックを受け、八木沢層を甘く見てはいけないことを痛感しました。

八木沢層の攻略のためには、薬液を注入して地質を改良するしか方法がありませんでしたが、本坑や迂回坑からの注入作業は崩壊のリスクが高いため、地上からのボーリングによる注入以外に方法はありませんでした。ただし、地上から300メートル以上にも及ぶボーリングを多数行なうことは、時間的にも費用的にも大きな負担となるため、八木沢層を通過する区間を最小限に減らす必要がありました。四方木工区での線形変更案は、新幹線鉄道構造規則内に収まるように曲線半径を

２５００メートル以上とすることを前提条件としていましたが、今回は、八木沢層の通過区間を極力減らすことを優先しました。

とはいっても、さすがに完成した区間まで掘り直すことはできないので、線形を変える区間は前回と同じとするものの、曲線をきつくして、さらに東側に迂回するルートを検討しました。

その結果、半径１５００メートルの曲線を挿入すると最大で１６２メートル東側に本坑が移動し、これにより、四方木工区では２８０メートルだった八木沢層の通過が、半島のように突き出ている小野上南工区寄りの約１００メートルの部分を除き、回避できる見込みとなりました。

新幹線では、半径１５００メートルの曲線の通過速度は時速１６０キロメートルに制限されますが、国鉄としてもこれを承認せざるを得ず、１９８１（昭和56）年１月に、二度目のルート変更が確定しました。

これにより、薬液注入のために地上からボーリングを行なう範囲は、四方木工区と高山工区で、各１か所１００メートルほどだけになりました。

上越新幹線の開業時期を再度延期し、１９８２（昭和57）年11月と宣言した手前、国鉄は威信をかけ、地上から八木沢層へ薬液を注入するためのボーリング作業を、総動員体制で行ないました。そして、全国から90台にも及ぶのボーリングマシンを集め、山林のほか、県道や民間の土地からも、ボーリング作業を行ないました。作業は、昼夜を問わず行なわれ、夜間に、真っ暗な山中で多数のやぐらが明りに照らし出された光景は、「中山銀座」とよばれました。

1980（昭和 55）年３月の大出水の様子。遮水堰を築き、水没を防ごうとしている。

写真提供：株式会社大林組

二次崩壊に伴い、水没してしまった坑道。　写真提供：株式会社大林組

深さ300メートル以上のボーリングを600本以上行ない、16万立方メートルの薬液を注入し、八木沢層の地質を改良しました。そのうえで、工区割りを再編成し、2000名を超える作業員による24時間三交代制という総動員体制で、本坑の掘削を再開しました。

この結果、1981（昭和56）年12月23日に本坑が貫通し、翌1982（昭和57）年3月に、土木工事から軌道工事への引き渡しが行なわれたときには、着工からすでに10年を経ていました。

●完成

上越新幹線は、東北新幹線に遅れること5か月、1982（昭和57）年11月15日に開業しました。

中山トンネルは、10年の歳月と延べ230万人の労力を投入し、工事総額は1200億円を超えました。さらに、工事に伴い、高山村、小野上村、子持村（現在、小野上村と子持村は渋川市）では、農業用水の水源が枯渇し、被害を受けた農地は83ヘクタールに及び、渇水対策費は20億円に達したといわれています。

ただし、同じ新幹線のトンネル工事でも、山陽新幹線の六甲トンネル（↓P281）が54名もの犠牲者を出したのにくらべ、中山トンネルでは、これだけのトラブルに見舞われながらも、犠牲者が2名にとどまったことは、高く評価されています。

中山トンネルの工事が難航したのは、事前の地質調査をないがしろにしたためですが、その背景

完成した中山トンネルの内部。　写真提供：株式会社大林組

には、わずか5年間という無理な工程を押し付けられたことがあります。また、スピードを最優先するあまり、地形を無視してトンネル内の線形を直線にしようとしたことも、仇となりました。

中山トンネルでの苦い経験を教訓として、北陸新幹線の飯山トンネル（長野県／22251メートル）では、地質を優先して線形をとったといわれています。

鍋《なべ》立《たち》山《やま》トンネル

まれに見る難工事として世界に知られるトンネル

北越急行ほくほく線は、新潟県東部を走り、六日町（南魚沼市）と犀潟《さいがた》（上越市）を結ぶ第三セクターの路線で、全区間の7割ほどがトンネルです。トンネルに入ると、天井に映像が映し出される「ゆめぞら」という車両を運行しています。鍋立山トンネルは、そうした映像を楽しめるトンネルのひとつですが、膨張性地山（→P45）という厄介な地山が、世界的な難工事を招いたことで知られます。

鍋立山トンネルの入口。ほくほく線は単線だが、手前のほくほく大島駅のホームを延伸するときに備え、坑口は複線断面となっている。

鍋立山トンネル

開通年：1997（平成9）年
長さ：9117メートル
区間：ほくほく大島～まつだい間
（北越急行ほくほく線）

●北越急行ほくほく線の歴史

鉄道誘致に積極的だった新潟県松代村《まつだい》（現在は十日町市）や魚沼三郡（県南東部の魚沼地方）の声を反映し、1922（大正11）年4月に公布された「改正鉄道敷設法」の別表一覧第55ノ3には、「新潟県直江津ヨリ松代附近ヲ経テ六日町ニ至ル鉄道及松代附近ヨリ分岐シテ湯沢ニ至ル鉄道」が記載されました。

この鉄道をめぐっては、現在の上越市の北東部を走っていた頸城《くびき》鉄道の終点の浦川原から松代と十日町を経て六日町に至る北線案と、その途中から南下して越後湯沢に抜ける南線案が、長年に渡って熾烈な誘致合戦を繰り広げました。そして、どちらかに一本化すれば建設に着手するとした政府の意向を受け、新潟県知事が裁定を行なった結果、北線案に決着しました。

このことを受け、1962（昭和37）年、国鉄の北越北線としての建設が決定し、その後、工事線への昇格と工事実施計画の指示が行なわれ、1968（昭和43）年には六日町〜十日町間が、1973（昭和48）年には十日町〜犀潟間が、それぞれ着工されました。

ところが、1980（昭和55）年に「日本国有鉄道経営再建促進特別措置法（国鉄再建法）」が制定され、一定基準に満たない新線の建設は原則的に凍結されることになり、1982（昭和57）年3月、北越北線の建設工事は中止されました。

こうして工事の凍結状態が続くことになりますが、地元政治家の田中角栄が、「北越北線は絶対につくらせる」と明言していたので、地元は安心していました。ところが、1983（昭和58）年の北越北線建設促進期成同盟の総会に、田中本人が突然出席し、第三セクターによる引き受けを提案してきました。これに対して、新潟県知事は、赤字路線を引き受けるわけにはいかないと、否定的な立場をとりました。しかし、田中陣営から外堀を埋められてしまったこともあり、１９８４（昭和59）年には北越急行株式会社が設立され、工事が再開されることになりました。

　北越北線の建設が決定したときには、上越線と北陸本線を短絡する路線としての役割が期待されましたが、建設が予定されている北陸新幹線との兼ね合いで、おもに貨物輸送を担う路線と位置づけられました。そのため、当初の計画では、１０００トンの貨物列車が交換（行き違い）できるように、各駅には線路有効長（→P114）が４６０メートルに及ぶ待避線を設けることになっていましたが、少しでも建設費を抑えるために、短い編成の気動車（ディーゼルカー）に対応した設備計画に改めました。

　１９８８（昭和63）年になると、運輸省は、建設が遅れている北陸新幹線との兼ね合いで、北越北線を高速化して特急列車を走らせる「スーパー特急方式（→P239）」を提案しました。この高速化によって発生する３１０億円の費用のうち、半分はＪＲ東日本が負担し、残りの多くも補助金で賄うことを条件に、工事実施計画を高規格路線へと変更しました。その結果、１９９７（平成９）年３月に開業した北越急行ほくほく線では、北陸新幹線が金沢まで開業した２０１５（平成27）年３月までの18年間、特急「はくたか」の時速１６０キロ

北越急行の開業で誕生した特急「はくたか」。北越急行ほくほく線を経由することで、上越新幹線の越後湯沢と北陸地方を、最短距離で結んでいた。

メートルでの運転を行ない、東海道新幹線の米原を経由して東京～金沢間を往来していた旅客の半数以上が、越後湯沢を経由し、上越新幹線と特急「はくたか」で往復するようになりました。北陸新幹線の金沢開業以降、特急「はくたか」はなくなり、北越急行ほくほく線は、典型的なローカル線になりました。それでも、この18年間の累積剰余金が90億円以上あり、これを今後の赤字に補塡できるので、当分の間、北越急行の経営は安泰だといわれています。

●鍋立山トンネルとは

国鉄の北越北線の工事実施計画では、十日町～犀潟間は、「東頸城郡松代町、大島村、浦川原村を隧道《ずいどう》にて西進する」と定められ、そのうちのひとつが、松代町（現在は十日町市）と大島村（現在は上越市）の境にある標高６４０メートルの鍋立山を貫く、９１１７メートルのトンネルです。このトンネルが鍋立山トンネルで、入口は、ほくほく大島駅のまつだい側に隣接しています。

鍋立山トンネルの周辺は、緩い丘陵状の地形ですが、トンネルの中央部付近には、側方からかかる大きな力で地層が曲がりくねるように変形する「褶曲《しゅうきょく》」という現象が見られ、いまだに活動を続けている「活褶曲」とよばれる褶曲帯でした。

この褶曲帯は、可燃ガスや石油の湧き出しを招き、それらの圧力で破壊されて強度が低下した岩盤が、地圧や水圧によって膨張する「膨張性地山」を形成しました。このことが、鍋立山トンネルの難工事が、世界的に知られる要因となりました。

●北越北線が凍結される前の工事

国鉄北越北線の建設は、日本鉄道建設公団（鉄建公団）が担当し、鍋立山トンネルの工事は、工区を3つに分け、六日町側から、東工区（1751メートル）を大林組が、中工区（3387メートル）を西松建設が、西工区（3979メートル）を熊谷組が、それぞれ施工することになりました。中工区の中央付近には、「蒲生《かもう》背斜」と「蒲生向斜」という褶曲帯が、西工区の中工区寄りには、「儀明《ぎみょう》背斜」という褶曲帯が確認されていましたが、各工区では、次のように工事を進めました。

東工区

1973（昭和48）年12月に着工した東工区は、地山（↓P30）が良好だったため、単線馬蹄形断面のトンネル形状で、ショートベンチカット工法（↓P35）を基本として、順調に掘削を行ないました。しかし、仮のインバート[*1]の盤膨れ[*2]や内空の変化の増加が見られたため、底設導坑先進工法（↓P36）に切り替えました。そして、1976（昭和51）年度中に、全区間の覆工を終了しました。しかし、しばらくしてから路盤が膨れ上がる現象が発生したため、インバートの追加工事を行ない、底にもコンクリートを流し込んでトンネルを筒状化し、1978（昭和53）年8月に竣工しました。

＊1 インバート…トンネルの底面の逆アーチに仕上げられた覆工部分。
＊2 盤膨れ…下盤が膨れ上がる現象のことで、下盤は、断層が傾いている状態で、見かけ上、下側にある岩盤のこと。

西工区

東工区と同じく、1973（昭和48）年12月に着工した西工区では、トンネルの入口（ほくほく大島側）の部分330メートルは、将来の長編成化に備えてホームを延伸するスペースを確保しておくために複線断面とし（写真→P260）、そこから先は単線断面として、上部半断面のショートベンチカット工法により掘り進んでいきました。しかし、次第に地山の膨張が出現し、ガスの湧き出しを確認したので、発破作業を中止したり、爆発を防ぐための設備を整えたりして、工事を進めました。

1977（昭和52）年10月までに、入口から約3000メートルを掘り終えましたが、中工区との境界まで1000メートルを切ったあたりから急激に地質が悪化し、側壁の押し出しや路盤の膨張によって切羽（→P35）が崩壊する事態となりました。そこで、断面を馬蹄形から円形に変更し、掘削方法を二段ベンチから三段ベンチに切り替えました。それでも、膨張が追いついてくるため、ショートベンチカット工法をあきらめ、頂設導坑先進工法（→P36）を実施しました。

また、支保（→P33）には、中山トンネル（→P240）の工事で熊谷組が採用したばかりのNATM《ナトム》（新オーストリアトンネル工法／→P40）を導入しましたが、NATMをもってしても、坑道の膨張は収まらず、一度掘った区間を掘り直す「縫い返し」を、たびたび行ないました。

こうした状況のなかで、1982（昭和57）年3月、ようやく残りの900メートルを掘り終え、中工区との間で導坑が貫通しました。ところが、その直後に、工事が凍結となりました。

中工区

中間工区となる中工区は、本坑工事を行なうため、取り付き用の斜坑をつくる必要がありました。この斜坑は、列車の交換用（行き違い用）にトンネルの中央部付近に設ける儀明信号所となる場所に到達することにしたので、儀明斜坑とよばれました。

儀明斜坑の工事は、１９７４（昭和49）年8月に始まり、地質が良好だったため、順調に進みました。ところが、70メートルほど掘り進んだ地点でダイナマイトによる発破を行なったところ、坑内に滞留していた天然ガスが爆発し、岩盤から染み出した石油にも引火する事故が発生しました。このため、その後は、防爆対策が強化されることになりました。

１９７５（昭和50）年の初めに、儀明斜坑が坑底に到達したので、本坑の工事に入りました。斜坑到達地点から六日町側（東側）３５０メートルと犀潟側（西側）３３０メートルの合計６８０メートルの区間は、儀明信号所を設置するために複線断面とし、それ以外の区間は、単線断面で工事を行ないました。

犀潟側では、１９７８（昭和53）年11月から、西工区との境までの１３１メートルの単線区間で工事に入りましたが、西工区の残り９００メートルと同じく、膨張性地山に苦しみました。そこで、ショートベンチカット工法をミニベンチカット工法（→P35）に変更し、支保にはＮＡＴＭを導入することで、ようやく１９８１（昭和56）年3月に西工区との境に到達し、西工区からの導坑の貫通を待つことになりました。

鍋立山トンネルの断面図

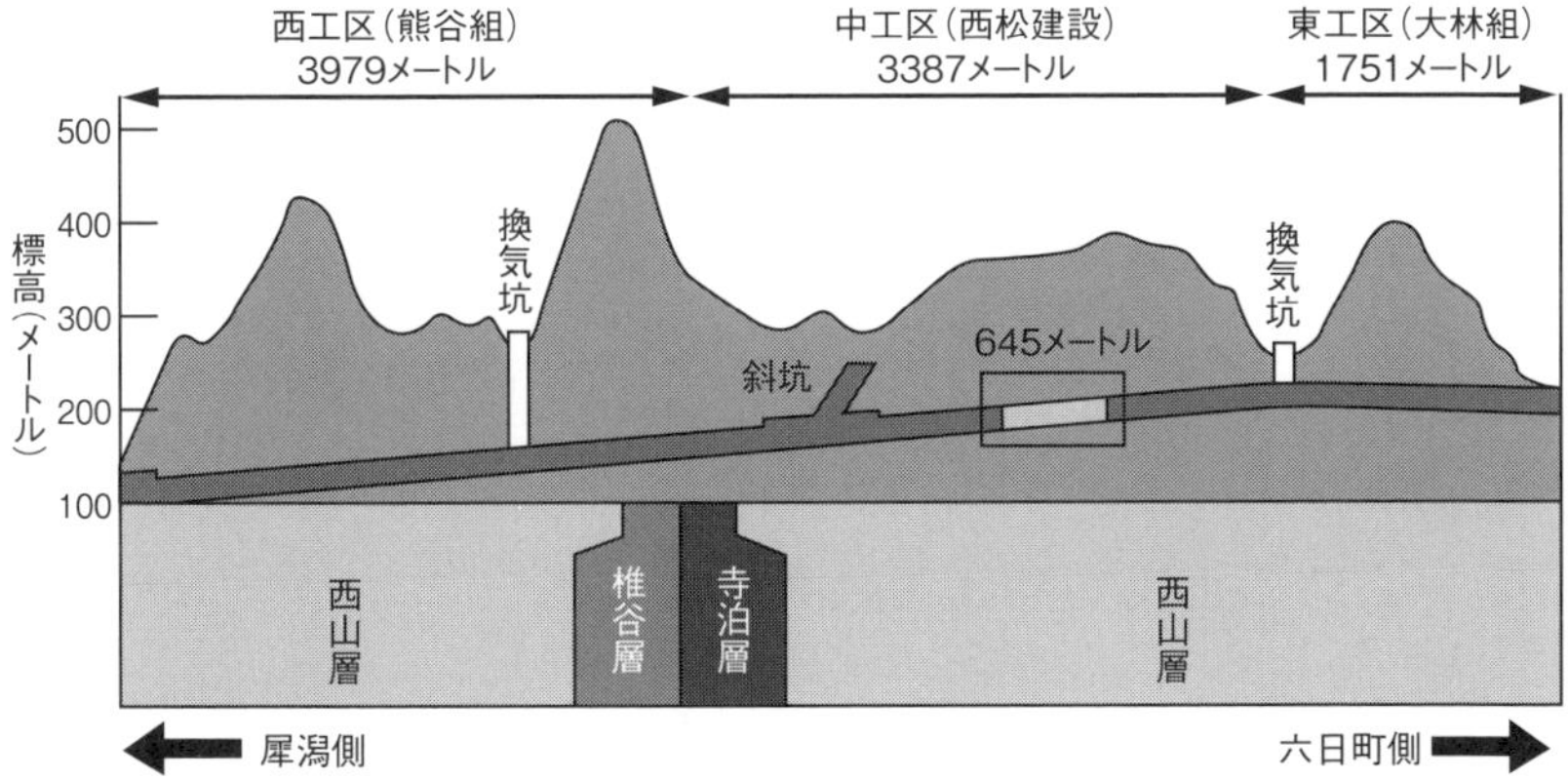

「645 メートル」の部分は、1982（昭和 57）年 3 月 31 日の工事凍結時に、未掘削区間として残った部分。西山層、椎谷層、寺泊層は、地層の名称。　提供：西松建設株式会社

一方、六日町側は、1976（昭和51）年3月から単線区間の工事に入りました。こちらは、西側よりも地山の強度が低かったので、トンネルの形状を、地圧を受けにくい円形断面とすることにしました。そして、上半分と下半分の閉合（合体）を1週間程度で行なうショートベンチカット工法で掘り進めましたが、途中から膨張が激しくなり、1週間ももたなくなったため、閉合を2～3日で行なうミニベンチカット工法に切り替えました。また、掘削も、発破掘削方式では切羽の崩壊を招くので、機械掘削方式に変更しました。

それでも、600メートルほど掘り進んだあたりからは、掘り終えた区間の支保工（↓P40）が横方向に大きく変形したため、NATMとともに鋼鉄による支保工を用い、覆工を厚くしました。しかし、坑道の崩壊は収まらず、縫い返し（掘り直し）を繰り返しました。

縫い返しのときには、最初の掘削よりも地盤の押し出しが少なくなる傾向が見られたので、先に地圧を解放させてから掘り拡げる導坑先進工法（→P36）を試したほか、地質を改良するために薬液の注入を行ないましたが、掘削しても崩壊して押し戻される状況は変わりませんでした。

こうしたことから、完全に手詰まり状態となっている状況下で、1982（昭和57）年3月31日の工事凍結を迎えました。

なお、儀明斜坑からの中工区の工事が難航していたため、鉄建公団は、すでに竣工していた東工区を担当する大林組に対して、東工区と中工区の境から迎え掘りを行なうことを指示しました。そして、1979（昭和54）年3月からショートベンチカット工法により掘り進んでいきましたが、やはり中心部に近づくにつれ、地盤の膨張が激しくなり、1080メートル掘り進んだ地点で前進が困難な状況になりました。そのため、工事を中止し、1981（昭和56）年8月に撤退しました。

こうして、凍結時には、中工区の645メートルが、未掘削区間として残りました。

●工事の再開と完成

1984（昭和59）年に北越急行株式会社が設立されたことで、1986（昭和61）年2月、凍結されていた鍋立山トンネルの工事が再開されました。

凍結前は、中工区の儀明斜坑側（東側）が手詰まり状態だったため、東工区側からショートベンチカット工法で掘削を行ないました。それでも、170メートル進んだ地点で、地圧による盤膨れ

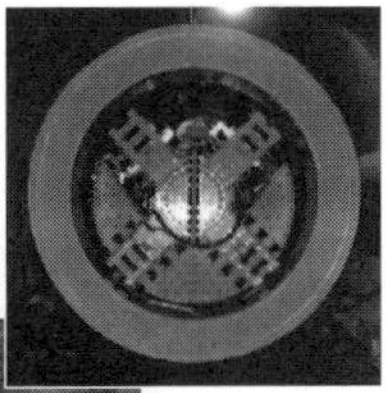

トンネルの掘削を行なうTBMの先端部分（右）と、TBMによる掘削が行なわれている導坑の内部（下）。

写真提供：西松建設株式会社

中工区への投入のため、斜坑の入口に搬入されたトンネルボーリングマシン（TBM）の本体。　写真提供：西松建設株式会社

により、支保工が横方向に大きく変形してしまいます。そこで、応力（→P254）を解放するため、頂設導坑先進工法を試みましたが、これも90メートル掘削したところで進めなくなりました。その後、中央導坑先進工法（→P36）により、手掘りで25センチメートル掘っては、その都度コンクリートの吹き付けと支保工の立て込みを行ないながら、少しずつ前進しようとしました。ところが、25センチメートルにつき3メートル近い地盤の押し出しが生じたため、これ以上の前進は困難と判断し、１９８７（昭和62）年3月、東工区側からの工事は中止となりました。

　これまでの状況から、人力による掘削では、地盤が膨張する速度に追いつかず、導坑の形を維持できないことが確認されたため、１９８９（平成元）年1月には、高速で強力な導坑用掘進機ともよばれる「トンネルボーリングマシン（以下、ＴＢＭとする）」を製作し、中工区の儀明斜坑側に投入しました。しかし、65メートルほど掘り進んだあたりで急激に地盤の押し出し量が増加し、ＴＢＭのカッターが回転できなくなったため、いったんＴＢＭを後退させました。その間に、地山は、今回掘削した区間をすべて押し戻してしまったうえ、凍結前に掘った本坑にも押し出してきました。そこで、あわててセメント袋２０００個を積み上げて防ごうとしたものの、最終的には、ＴＢＭ発進前より40メートルほど後退してしまいました。

　こうして、ＴＢＭの投入は失敗に終わりましたが、ＴＢＭが比較的順調に動作した最初の数十メートルの区間を分析したところ、凍結前に薬液注入を行なった場所であることが判明しました。そこで、さまざまな薬液を試用し、そのなかから最も効果のある薬液を選び、１９８９（平成元）年7月、薬液注入の効果を確認しながら中央導坑先進工法で、斜坑側と東工区側の双方から工事を再開しました。その結果、１９９２（平成４）年10月、ついに導坑が貫通しました。

　その後、超ミニベンチカット工法により、慎重に

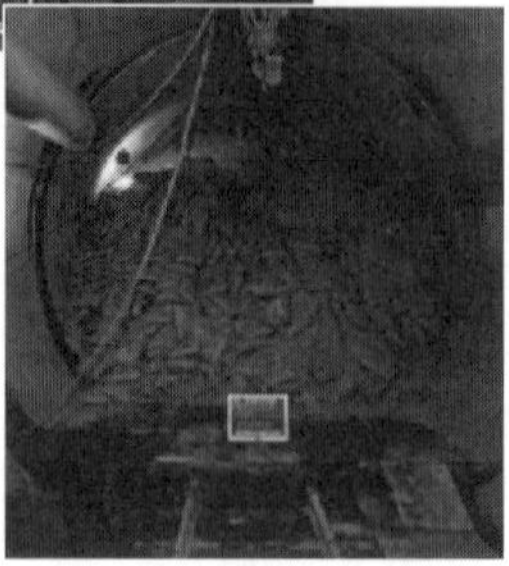

地盤の押し出しを防ぐために積み上げられたセメント袋（上）と、押し出しを防ぐことができず、土砂に埋まったセメント袋（右）。写真提供：西松建設株式会社

地盤とともに押し出されてしまったTBM（上）と、そのことによって撤去されるTBM（下）。写真提供：西松建設株式会社

本坑断面への切り拡げ工事を行ないました。１９９５（平成７）年3月までには、その他の区間の覆工が完了し、11月7日にトンネルは完成しました。しかし、北越急行ほくほく線の開業は、諸般の事情によってさらに遅れ、１９９７（平成９）年3月22日となりました。

鍋立山トンネルの工事は、１９７３（昭和48）年12月7日の着工以来、途中の4年間の工事凍結を含めると、21年11か月を要しました。30近い工法が用いられ、さながらトンネル工事の見本市のようでした。

典型的な膨張性地山と格闘した鍋立山トンネルの難工事は、世界のトンネル技術者の間でも有名です。その反面、北陸新幹線の開業で、特急「はくたか」は走らなくなり、北越急行ほくほく線の利用者が大きく減った今日、これだけ苦労してつくったトンネルを、将来どれほどの人が利用するのか、疑問視されています。

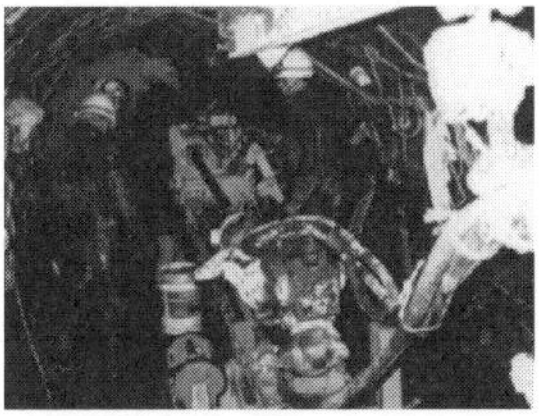

導坑での薬液注入。

写真提供：西松建設株式会社

本坑での薬液注入。

写真提供：西松建設株式会社

まつだい駅に隣接する、鍋立山トンネルの出口。

北越急行はくほく線にもあるトンネル内の駅

上越線の下り線にある湯檜曽駅と土合《どあい》駅は、地下鉄以外で最初にできたトンネル内の駅です。どちらも、新清水トンネルの開通に伴い誕生しました（→P169）。また、えちごトキめき鉄道の筒石駅は、当時の北陸本線の複線化と電化に伴い、トンネル内にできた駅です（→P224）。

この章で触れた鍋立山トンネルのある北越急行ほくほく線にも、美佐島というトンネル内の駅があります。美佐島駅は、長さ10472メートルの赤倉トンネル（→P292）にある駅で、ほかのトンネル内の駅と同じく、駅舎とホームの間は、階段で結ばれています。かつては特急「はくたか」が高速で通過していたこともあり、下の写真のように、ホームの入口には扉が設けられ、普通列車が到着するまで、ホームには出られなくなっています。

美佐島駅の地上部分（駅舎）。

美佐島駅のホームへと続く階段（上）と、ホーム入口の扉（左）。

7 新幹線

地上を走る地下鉄

東海道、山陽、東北、上越、北陸、九州、北海道の7つの新幹線は、時速200キロメートル以上の高速で主要都市間を結ぶ幹線鉄道です。最初に開業した東海道新幹線を除くと、路線距離に占めるトンネルの比率が高く、なかには、「地上を走る地下鉄」とよばれている路線もあります。

青函トンネルを抜け、青森に向かう北海道新幹線「はやぶさ」。

新幹線の概略史

日本の高度経済成長期は、１９５４（昭和29）年から１９７３（昭和48）年の19年間とされています。なかでも、節目となった年は、東京オリンピックが開催された１９６４（昭和39）年とともに、日本万国博覧会（大阪万博）が開催された１９７０（昭和45）年だといわれています。日本の鉄道界でも、これらの年には、重要な出来事がありました。１９６４（昭和39）年には東海道新幹線が開業し、１９７０（昭和45）年には、その後の新幹線建設の基本骨子が定められた「全国新幹線鉄道整備法」が制定されています。

東海道新幹線の起源は、１９３９（昭和14）年の弾丸列車計画（→p184）とされています。この計画を推進した島安次郎の息子の島秀雄が、「新幹線の父」といわれる国鉄総裁の十河信二《そごうしんじ》のもとで新幹線計画を立ち上げたのが、１９５５（昭和30）年ごろのことです。それは、まさに高度経済成長期の入口でした。

東海道新幹線の構想は、あくまでも在来線の輸送力が逼迫したことによる「線増」という位置づけで、幻に終わった弾丸列車計画と同じく、標準軌（→P185）の高速鉄道を建設しようとするものでした。当初は、貨物輸送も視野に入れていました。

この新幹線の構想には反対意見も多く、疑心暗鬼の世論のなか、東海道新幹線は開業しました。ところが、実際に開業してみると、その利便性が高く評価され、早くも開業翌年の１９６５（昭和40）年には、山陽新幹線の新大阪～岡山間の建設認可が下りています。

東海道新幹線の大成功は、地方都市の発展には、東京や大阪との間を高速鉄道で結ぶことが必須であり、それが日本全土の均衡ある発展につながるという理念を生み、１９７０（昭和45）年には、「全国新幹線鉄道整備法」が制定されました。あわせて、それに基づき、「建設を開始すべき新幹線鉄道の路線を定める基本計画」が順次告示されました。そして、１９７１（昭和46）年には、東北新幹線の東京都～青森県青森市間、上越新幹線の東京都～新潟県新潟市間、成田新幹線の東京都～千葉県成田市間が、１９７２（昭和47）年には、北海道新幹線の青森県青森市～北海道旭川市間、北陸新幹線の東京都～大阪府大阪市間（長野県長野市・石川県金沢市経由）、九州新幹線の福岡県福岡市～鹿児島県鹿児島市および長崎県長崎市間が、それぞれ告示されました（以下、道府県名を省略し、都市名のみを示す場合もある）。それに加えて１９７３（昭和48）年には、羽越、山陰、四国、中央など、多数の路線が追加で告示されました。

１９７２（昭和47）年発表の田中角栄の「日本列島改造論」は、「高速道路や新幹線などの高速交通網で日本列島を結び、地方の工業化を促進し、過疎と過密の問題とともに、公害の問題を同時に解決する」と述べていますが、まさに、「全国新幹線鉄道整備法」を反映したものでした。

山陽新幹線が全線開業した１９７５（昭和50）年ごろの日本は、

東海道新幹線の建設を指揮した、第四代国鉄総裁の十河信二のレリーフ。東京駅の新幹線ホームにある。

20年余り続いた高度経済成長が終わり、産業構造の変化による経済活動の大都市一極化に加え、都市部での地価高騰や工業地帯での公害問題など、成長に伴う歪みも顕著となり、社会全体が曲がり角に差しかかっていました。また、国鉄は、それまでの放漫経営に、マイカーブームによる旅客離れやトラックによる貨物輸送へのシフト、ローカル線の赤字問題が加わり、累積債務が莫大な額となっていました。さらに、内部の紛争が拍車をかけ、国鉄は、末期的症状に陥っていました。

こうした状況から、国鉄は、本来であれば新幹線を新たに建設できる状況ではありませんでしたが、どさくさに紛れるように、東北新幹線と上越新幹線の建設を進めました。しかし、巨額に膨れ上がった累積赤字を抱える国鉄の再建のため、１９８２（昭和57）年には、残りの整備新幹線の建設計画が凍結されました。

その後、整備新幹線の建設を公約とした中曽根内閣は、１９８６（昭和61）年、凍結を決めた閣議決定を破棄しました。ところが、第二の国鉄になりかねないと、ＪＲ各社や当時の大蔵省が否定的な態度をとったため、政府や財界の意見は分かれました。

結局、１９８８（昭和63）年に整備新幹線は予算化されますが、着工順位を定めたうえで、地方負担割合が明確にされ、並行在来線の経営分離が条件とされました。さらに、多くの路線では、建設費を節約するため、ミニ新幹線方式（➡Ｐ118）やスーパー特急方式（➡Ｐ239）が提示され、「ウナギ（フル規格／➡Ｐ239）を注文したらアナゴ（ミニ新幹線方式）やドジョウ（スーパー特急方式）が出てきた」と揶揄されました。

このとき、具体的に建設が明示されたのは、東北（盛岡以北）、北陸、九州（鹿児島ルート）の3つでしたが、それらに、現在建設が進められている北海道新幹線と九州新幹線の長崎ルートを加えると、「全国新幹線鉄道整備法」に基づく「建設を開始すべき新幹線鉄道の路線を定める基本計画」として、1972（昭和47）年以前に告示された路線と合致します。

今後は、北陸新幹線の金沢～大阪間、北海道新幹線の新函館北斗～札幌間、九州新幹線の新鳥栖～長崎間が整備され、JR東海により、中央新幹線（リニア中央新幹線／→P308）が建設されますが、四国にも新幹線をという話もあり、新幹線神話は尽きないようです。

現在の新幹線の路線図

※山形新幹線と秋田新幹線は、「全国新幹線鉄道整備法」に基づくものではないため、割愛した。

新幹線とトンネルの関係

現在、新幹線の車内で周囲を眺めると、スマホやパソコンを操作しているか居眠りをしている人が大半で、車窓からの景色を楽しんでいる人は皆無に近いようです。仕事や用事で、仕方なく鉄道を利用している人にとっては当然なのかもしれませんが、余暇を楽しむ人にとっても、新幹線の車窓からの景色には関心がないようです。これは、一部の路線で「山の地下鉄」とよばれるほど、新幹線ではトンネル区間が多いことが理由のひとつです。

かつて鉄道では、急勾配と急曲線を用いても峠を越えられない場合に、仕方なくトンネルを掘っていましたが、新幹線では、用地買収や騒音などの問題から市街地を回避する手段として、あるいは、勾配や曲線を排除して速達性（スピードアップ）を図るための手段として、積極的にトンネルを活用するようになりました。

曲線半径2500メートル以上、勾配15パーミル以下という新幹線鉄道構造規則の基準に適合した線形にしようとすれば、市街地は地下にトンネルを掘る以外に、山間部は山の中にトンネルを掘る以外に、ルートを確保するのは、事実上不可能です。

こうして、トンネルへの依存度が高くなっている新幹線ですが、万一、大地震や大規模な地殻変動で、トンネルに変状や崩壊が発生すれば、復旧までに長い時間を要するというリスクがあります。また、高速で走行する新幹線では、トンネル内で一片のコンクリートがはがれ落ちたとしても、大事故につながる恐れがあります。

新幹線の安全神話を未来永劫守り続けるためには、トンネルのメンテナンスが、今後ますます重要になっていくことは間違いありません。

●東海道新幹線とトンネル

東海道新幹線は、戦前の弾丸列車計画によって半ば強制的に収用した土地の多くを利用し、建設しました。そうしたこともあり、東海道本線に並行して沿岸部の平地を走る区間が多く、東京〜新大阪間552・6キロメートルのうち、トンネル区間は約13パーセントです。そのため、のちに建設された新幹線と比較すると、トンネルの割合の低さは際立っています。さらに、1000メートルを超えるトンネルはなく、新丹那トンネル（↓P184）の7959メートルが最長です。

ただし、山々が海に落ち込む険峻な地形の小田原〜熱海間は、新丹那トンネルに次ぐ長さの南郷山トンネル（5170メートル）を筆頭に、トンネルが連続する区間となっています。また、明治初期に逢坂山《おうさかやま》トンネル（↓P50）で難儀した京都盆地と近江盆地の間の山脈は、音羽山トンネル（5044メートル）による最短ルートで貫通しています。

東海道新幹線の建設は、東京オリンピックに間に合わせるため、突貫工事で行なわれました。それにもかかわらず、土盛りの築堤などの耐久性の問題が話題になることはあるものの、トンネルについては、老朽化して問題になっているという話は、いまのところ聞きません。

東海道新幹線の石橋山トンネル。小田原〜熱海間のトンネルのひとつ。　撮影：鷹啄博司

東海道新幹線の東山トンネル。音羽山トンネルよりも京都寄りにあるトンネルで、長さは 2000 メートルを超える。

山陽新幹線とトンネル

山陽新幹線は、1972（昭和47）年3月15日に新大阪〜岡山間が開業し、1975（昭和50）年3月10日には、博多までの全線が開業しました。山陽新幹線の路線距離に占めるトンネルの比率は、新大阪〜岡山間が21パーセント、岡山〜博多間が56パーセント、全線では51パーセントとなっています。

このように、トンネル比率が高いのは、戦前の弾丸列車計画で半ば強制的に買収した土地に対して、戦後、返還を求める訴訟が起こされ、判決により返還した経緯があるからだといわれています。山陽新幹線の建設にあたり、それらの土地を再度買収するのは格好がつかず、山間部にトンネルを掘らざるを得なかったといわれているのです。

とくに、兵庫県下の六甲山が海に落ち込む芦屋地区から須磨海岸にかけては、海岸沿いの狭い平地に住宅が密集しているため、東海道本線や山陽本線に並行して新幹線の線路を敷設することは不可能でした。そのため、同区間に設けた六甲トンネル（16250メートル）と神戸トンネル（7970メートル）の2つだけで、新大阪〜岡山間のトンネル総延長距離の約6割を占めています。

このうち、断層破砕帯（↓P31）が縦横に走る六甲山の下に掘削した六甲トンネルの工事では、断層破砕帯と遭遇するたびに、土砂を含んだ大量の水が噴出しました。そこで、本坑の長さを上回る水抜き坑（↓P39）を放射線状に設けて排水に努めたものの、大出水と崩落事故が頻発したため、54名の犠牲者を出す難工事となってしまいました。

六甲トンネルは、開通時点で、北陸トンネルを抜いて日本一の長さを記録しました。そして、トンネルの入口の上には、山陽新幹線全体の記念公園を設けました。

岡山から新下関にかけては、半分以上がトンネル区間となっていますが、トンネルの総数は100にのぼり、安芸トンネル（13030メートル）を筆頭に、3000メートルを超えるトンネルが20ほどあります。

関門海峡で3本目のトンネルとなった新関門トンネル（18713メートル）は、関門トンネル（在来線／↓P188）の「大瀬戸」ではなく、国道トンネルと同じく、「早鞆《はやとも》の瀬戸」に設けました。しかし、早鞆《はやとも》の瀬戸は水深が深く、15パーミル以下という新幹線鉄道構造規則に特例を設けて18パーミルの勾配としたものの、新関門トンネルの長さは、関門トンネルの5倍になりました。

小倉から先は、北九州トンネル（11747メートル）や福岡トンネル（8488メートル）を含めた5つのトンネルにより、博多との間を最短ルートで結んでいます。

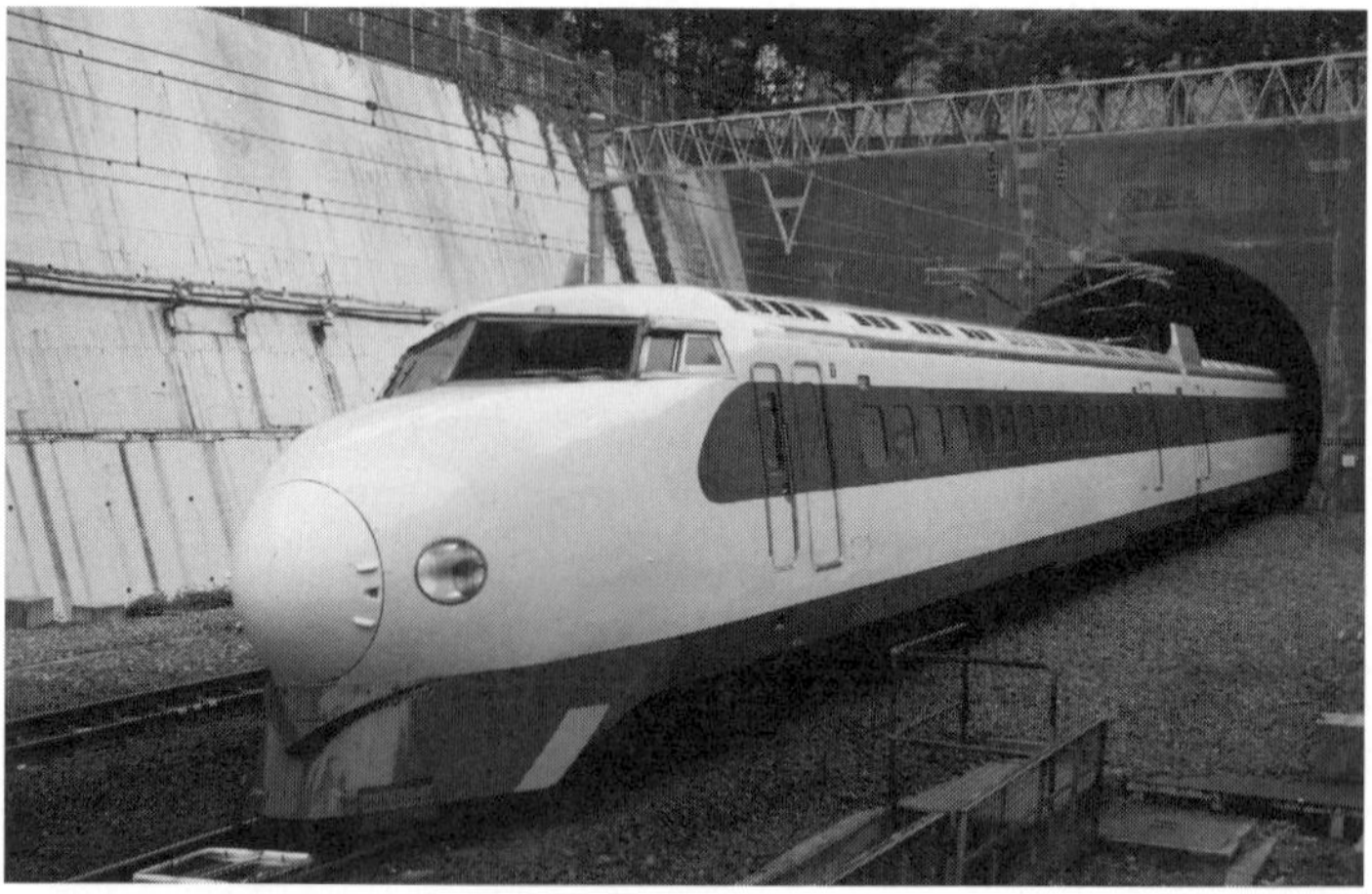

山陽新幹線の六甲トンネルを抜ける０系新幹線電車。

なお、山陽新幹線は、トンネルによって曲線を極力排除し、最小曲線半径４０００メートルで建設したため、東北新幹線の盛岡以南の時速３２０キロメートルに次ぐ、時速３００キロメートルの最高速度で運転しています。

●東北新幹線とトンネル

「全国新幹線鉄道整備法」に基づく「建設を開始すべき新幹線鉄道の路線を定める基本計画」で、１９７１（昭和46）年1月に東北新幹線の東京都～盛岡市間と上越新幹線の東京都～新潟市間の基本計画が公示されると、10月に工事実施計画が認可され、11月には着工となり、異例のスピードで建設が進められました。

ところが、東京～大宮間については、沿線の反対運動などで着工できない事態が生じ、完成が遅れました。そのため、東北新幹線と上越新幹線は、１９８２（昭和57）年の6月23日と11月15日に、それぞれ大宮始発で暫定開業することになりました。

その後、１９８５（昭和60）年3月14日には上野～大宮間が開業し、１９９１（平成３）年6月20日には東京～上野間が開業することになりますが、そのときに上野の地下駅に接続するために建設したのが、１４９５メートルの第二上野トンネルと１１３３メートルの第一上野トンネルです。

なお、この2つのトンネルは、８３４メートルの上野地下駅構内も含めた３４６２メートルのトンネルとして、上野トンネルとよばれることもありますが、建設された年が前後するので、ここでは、第二上野トンネルと第一上野トンネルとして紹介します。また、トンネル区間の割合が高い盛岡～新青森間についても取り上げます。

第二上野トンネル

第二上野トンネルが建設された日暮里《にっぽり》から上野にかけては、在来線は大きくカーブしています。東北新幹線は、日暮里駅中心付近から地下に入り、いったん、谷中《やなか》霊園や寛永寺寄りに膨らんでから言問《こととい》通りの下を通るS字型の線形にすることで、曲線の緩和を図りました。それでも、最小曲線半径は418メートルとなったので、地下への出入口の25パーミルの勾配とともに、特別認可を受けています。

この区間のトンネルの地上部分は、道路と墓地が7割を占めるため、工事は、出口側（日暮里側）の643メートルを開削工法（→P42）としたほかは、地上への影響を極力排除するため、シールド工法（→P43）を用いました。ただし、シールド工法の区間一帯の地質が被圧地下水*を含有する崩壊性の砂層だったので、トンネルの掘削によって地盤が沈下する恐れがあり、薬液を注入して地質を改良する作業を行ないました。また、周辺地域では、多数の井戸があったため、トンネル工事による井戸枯れを防ぐ止水対策として、凍結管を地中に差し込み、その中に冷却液を循環させて土を凍らせる「凍結工法（→P37）」を用いました。

工事は、1977（昭和52）年7月に始まります。トンネル上部の私有地には、高層のビルやマンションがあり、これらの建造物の基礎杭がトンネル断面の支障となっていました。このため、土地ごと建物を買収して解体撤去したケースもありましたが、立ち退きを拒否した建物や寛永寺橋については、あらかじめトンネルの両側に新設した基礎に加重を移し替えてから従来の基礎杭を切断除去する「アンダーピニング」とよばれる工法を用いました。そして、第二上野トンネルは、1984（昭和59）年8月に竣工しました。

ところで、上野付近一帯は、もともと不忍池《しのばずのいけ》のような湿地帯だったので、いまでも大量の地下水が湧き出ています。そうしたことから、上野地下駅や第二上野トンネルでは、ポンプによる恒常的な排水処理が欠かせない状況となっています。

＊被圧地下水…上下二層の不透水層（地下水を通さないか通しにくい層）にはさまれ、常に大きな圧力がかかっている地下水。

完成した東北新幹線の第二上野トンネルの内部（上）。外径.12.84メートルの世界最大のシールドマシン（当時／下）が使われた。　写真提供：佐藤工業株式会社

第一上野トンネル

1987（昭和62）年4月の国鉄分割民営化後、JR東日本の経営が順調だったこともあり、1989（平成元）年、東北新幹線の東京駅延伸が決まりました。しかし、東京～上野間の建設にあたり、新たに用地を確保することは困難でした。そこで、極力JRの用地内で建設することになり、上野地下駅へは、秋葉原《あきはばら》付近から第一上野トンネルで結ぶことになりました。それでも、在来線の御徒町《おかちまち》～上野間が大きくカーブしているので、トンネルは、その下を外して直線で設けることになり、約半分の区間が、私有地の下を通ることになりました。

第一上野トンネル（1133メートル）は、すでに上野地下駅の工事のときに掘削されていた18メートルを除く1115メートルのうち、秋葉原寄りの入口から590メートルは開削工法とし、続く498メートルはシールド工法としました。上野駅構内に接する27メートルについては、ポイント（分岐器）を挿入するために断面を広くする必要があり、山岳工法（↓P33）としました。

開削工法の区間のうち、入口からの150メートルは、秋葉原駅構内の廃止された貨物駅の跡地だったため、地上の支障物を除去したうえで工事を行ないました。残りの440メートルは、京浜東北線南行（東京方面）と電車留置線3線がある高架橋の下の地下にトンネルを構築するため、第二上野トンネルと同じく、アンダーピニングを行なう必要がありました。

シールド工法の区間でも、第二上野トンネルと同じく、地質が被圧地下水を含有する崩壊性の砂層だったため、薬液を注入して地質を改良する必要がありましたが、同区間のほとんどが私有地の下だったので、地上からの薬液の注入は困難でした。そこで、外径4メートルほどの先進導坑（ここではパイロットトンネルとよばれていた／→P39）を本坑の中央部に掘り、そこから周囲に向かって薬液を注入しました。

秋葉原駅のすぐ近くにある、第一上野トンネルの入口。

そうしたなか、1990（平成2）年1月22日に、御徒町駅北口付近の春日通りで、幅12メートル、長さ10メートル、深さ5メートルに渡って道路が陥没する事故が発生しました。これは、施工業者が設計量を大幅に下回る薬液しか注入しなかった手抜き工事が原因でした。

わずか27メートルの山岳工法の区間では、地盤沈下を防ぐために凍結工法や薬液注入工法（→P37）も検討しましたが、トンネルの内空幅が15メートル以上あるため、トンネルの天井や側壁となる外周部に鋼管を圧入機で挿入して掘削時の防護を行なう「パイプルーフ工法（→P37）」を採用しました。

第一上野トンネルは、御徒町陥没事故により、半年間に渡って工事が差し止めとなりましたが、1990（平成2）年9月には貫通しました。

盛岡～新青森間のトンネル

東北新幹線のなかでも、トンネル比率が高いのが、盛岡～新青森間です。この区間の建設については、1990（平成2）年の政府・与党の申し合わせにより、1991（平成3）年度からの本格着工が決定し、2002（平成14）年12月1日に盛岡～八戸間が開業しました。

盛岡～八戸間には、東北本線では最大の難所といわれる十三本木峠がありますが、東北新幹線は、岩手一戸トンネル（25808メートル）で貫通しています。東京～盛岡間には、福島トンネル（11705メートル）や蔵王トンネル（11215メートル）がありますが、この区間のトンネル比率が23パーセントなのに対し、盛岡～八戸間は73パーセントに達し、まさに「山の地下鉄」とよぶにふさわしい状況です。

続いて2010（平成22）年12月4日、八戸～新青森間が開業しましたが、こちらには、陸上部に建設されたトンネルでは日本最長の八甲田トンネル（26455メートル）などがあり、トンネル比率は62パーセントに及んでいます。

なお、東北新幹線の八戸～新青森間は、八甲田トンネルなどで内陸部を貫通しているので、途中から陸奥湾沿いを走る在来線とは、まったく異なるルートで建設されました（地図→P226）。にもかかわらず、新幹線の開業後に八戸～青森間の在来線を第三セクターに転換したのは、「並行在来線の経営分離」という制度の乱用ではないかという見方もあります。トンネルの存在が、地域の発展を阻害したり、衰退を助長したりしているとすれば、とても残念なことです。

東北新幹線の八甲田トンネルの七戸十和田側の坑口。

写真提供：独立行政法人 鉄道建設・運輸施設整備支援機構

東北新幹線の岩手一戸トンネルの内部。八甲田トンネルが開通するまでは、陸上部に建設されたトンネルとしては、日本で最長だった。

写真提供：独立行政法人 鉄道建設・運輸施設整備支援機構

●上越新幹線とトンネル

上越新幹線は、日本で最初に中央分水界（↓P18）を越えることになった新幹線です。そのため、トンネルが多いというイメージがありますが、実際のトンネル比率は39パーセントで、そのうちの6割を、高崎～越後湯沢間にある、榛名トンネル（15350メートル）、中山トンネル（14857メートル／↓P240）、大《だい》清水トンネル（22221メートル／↓P159）の3つが占めています。

上越新幹線の高崎から上越国境に至るルートが、榛名山東麓から子持山西麓を通って月夜野高原に至る「三国街道」の下をトンネルで貫通するルートになったのは、「沼田ダム計画」の影響だとする説が有力です。

東京の水瓶問題について1949（昭和24）年に策定された「利根川改修改訂計画」では、利根川水系に7つのダム（矢木沢、藤原、相俣、薗原、沼田、八ツ場《やんば》、下久保）を建設することになっていました。なかでも、高さ125メートル、貯水容量8億立方メートルの沼田ダムは、完成すれば日本一の規模となる根幹施設でした。ところが、沼田ダムが建設されると、沼田の市街地のほとんどが水没するという大胆な計画だったため、激しい反対運動が起こり、ついに1972（昭和47）年、沼田ダム計画は中止となりました。

こうして計画は中止になったものの、いつ復活するか分からないという懸念もあり、上越新幹線は、そのリスクを避け、利根川から離れたルートで建設することになったというのです。関越自動

中山トンネル（写真左）と榛名トンネルを結ぶ、上越新幹線の高架橋。２つのトンネルの間には吾妻川が流れているが、勾配を設けることなく、直線的に結ぶため、高架橋が設けられた。

車道も、ダム建設で水没する国道17号線の代替えルートに建設したといわれています。

しかし、沼田ダムを回避するのであれば、渋川や沼田寄りの子持山東麓を通って月夜野高原へ抜けるルートでも建設は可能です。そうしなかったのは、国鉄内部に、現状のルートで建設を進める声が強かったということが考えられます。

そこで出てくるのが、新幹線の速達性（スピードアップ）を考え、渋川や沼田に駅を設けたくなかったので、あえてトンネルによる通過を選択したという説や、高崎から渋川までが市街地を通過することになると、用地買収に時間がかかり、５年後とされた上越新幹線の開業に間に合わないと考えたという説です。結果的には、子持山東麓を通過するルートにしていれば、中山トンネルの難工事を避けられたので、上越新幹線の開業は早まっていたかもしれません。

上毛高原を出ると、「国境の長いトンネルを抜けると…」の感慨に浸っている間もなく越後湯沢に到着しますが、そこから先の新潟県内のトンネルの数は意外に少なく、6か所しかありません。このうち、六日町～浦佐間にある塩沢トンネルは、北越急行ほくほく線（↓P260）の赤倉トンネルと、地中で立体交差しています。交差地点での2つのトンネルの間隔が1メートルにも満たないため、先に完成していた赤倉トンネルには、補強工事を施しました。なお、10472メートルの赤倉トンネルは、JR以外の鉄道トンネルでは、日本一の長さとなっています。

●北陸新幹線とトンネル

「全国新幹線鉄道整備法」に基づく「建設を開始すべき新幹線鉄道の路線を定める基本計画」により、1972（昭和47）年、北陸新幹線の東京都～大阪市間（長野・金沢経由）が告示されました。しかし、1982（昭和57）年には建設凍結が閣議決定され、その後、1987（昭和62）年に凍結が解除されたものの、建設費を削減するため、軽井沢～長野間はミニ新幹線方式で、糸魚川～魚津間と高岡～金沢間はスーパー特急方式でという方針が運輸省から提示されました。ところが、1991（平成3）年、1998（平成10）年の冬季オリンピックを長野で開催することが決まると、軽井沢～長野間もフル規格で建設することになり、2000（平成12）年には、政府・与党の申し合わせにより、富山までのフル規格での建設が決定しました。

当時の首相は、自民党整備新幹線建設促進議員連盟の会長を兼ねた石川県出身の政治家です。金沢までの建設を画策したところ、我田引水との批判を受けていったんは引き下がったものの、2004（平成16）年には、金沢延伸が決まっています。

1997（平成9）年10月1日に開業した高崎～長野間の建設では、高崎と軽井沢の間で、40キロメートルの直線距離に対して高低差が840メートルあり、平均勾配が新幹線鉄道構造規則の基準を超える18パーミルとなるので、規則に特例を設け、30パーミルの勾配で榛名山の南麓をトンネルで抜けるルートになりました。このため、安中榛名～軽井沢間23・3キロメートルには、秋間トンネル（8295メートル）、一ノ瀬トンネル（6165メートル）、碓《うす》氷《い》峠《とうげ》トンネル（6092メートル）を連続して設け、3つのトンネルの合計は20・6キロメートルに達し、同区間のトンネル比率は88パーセントとなっています。

一方、軽井沢から長野にかけても、五里ヶ峯トンネル（15175メートル）を筆頭に、長大トンネルが複数あり、高崎～長野間のトンネル比率は、51パーセントに及んでいます。

2015（平成27）年3月14日、北陸新幹線は長野から金沢まで延伸しましたが、1975（昭和50）年ごろ、国鉄が、長野から日本海沿岸に抜けるルートについて、北アルプスの直下をトンネルで貫通するルートを検討したことがありました。結果的には、トンネルの長さが70キロメートルを超えるうえ、火山地帯なので地盤が高熱で、さらに土被り（→P42）が2000メートルを超えてしまうため、断念しました。

現在のルートは、長野から飯山トンネル（22251メートル）で上越市に至り、北陸本線が名《な》立崩《だちくず》れ（→P223）で苦しめられた糸魚川までの区間は、峰山トンネル（7035メートル）や松の木トンネル（6777メートル）など、7つのトンネルで内陸部を貫通しています。

糸魚川から富山にかけては、親不知・子不知の断崖絶壁地帯（→P221）を新親不知トンネル（7336メートル）や朝日トンネル（7570メートル）など、5つのトンネルで貫通し、富山〜金沢間の倶利伽羅峠（→P219）も、新倶利伽羅トンネル（6978メートル）で貫通しています。

こうしたことから、長野〜金沢間でも、トンネル比率は44パーセントに達しているため、北陸新幹線は、全線をとおして約半分がトンネルになっています。

これから工事が進められる金沢から大阪までのうち、敦賀から大阪に至るルートは小浜ルートに決着したようですが、ここでもトンネル区間が多くなることは確実です。

北陸新幹線の糸魚川付近。前後に長いトンネルが続くなか、日本海が見える数少ない区間。

九州新幹線とトンネル

北陸新幹線と同じく、１９７２（昭和47）年に告示された九州新幹線の福岡市〜鹿児島市間では、起点側ではなく、終点の鹿児島市側から建設が始まりました。

これは異例なことですが、福岡市側から着工すれば、八代あたりで計画が止まってしまうことを危惧し、鹿児島県が強い働きかけを行なったからだといわれています。確かに、八代〜鹿児島間の鹿児島本線（現在は一部区間が肥薩おれんじ鉄道）は、風光明媚な海辺を延々と走っているので、鹿児島県の新幹線誘致に対する強い想いは理解できます。

そうしたこともあり、この区間は、割り切ったような最短ルートで建設されました。その結果、新八代〜鹿児島中央間は、69パーセントがトンネル区間となり、博多〜新八代間の30パーセントにくらべ、突出した数字になっています。

海が見える数少ない区間とされる、九州新幹線の新水俣〜出水間。

北海道新幹線とトンネル

北陸新幹線や九州新幹線と同じく、1972（昭和47）年に告示された北海道新幹線の青森市〜旭川市間のうち、2016（平成28）年3月26日、新青森〜新函館北斗間が開業しました。ところが、この区間の建設については、青函トンネル（→P226）に注目が集まってしまい、それ以外のトンネルは、ほとんど話題になりませんでした。

しかし、本州側では、津軽蓬田トンネル（6190メートル）や津軽トンネル（5880メートル）などがあり、北海道側では、渡《お》島《しま》当《とう》別《べつ》トンネル（8060メートル）などがあります。そのため、青函トンネルを含めた新青森〜新函館北斗間のトンネル比率は、62パーセントに達しています。

これから建設することになる新函館北斗から札幌までの区間でも、32000メートルを超える渡島トンネルをはじめ、多くのトンネルをつくることになっているので、北海道新幹線全体のトンネル比率は76パーセントになる予定です。まさに、「地上を走る地下鉄」のようで、北海道の大自然を、車窓から満喫することはできそうもありません。

北海道新幹線の木古内付近。左のように、新幹線とは軌間の異なる貨物列車が同じ線路を走っているので、レールが３本敷かれている。

8 地下鉄

都会のトンネル

地下鉄は、地下に掘ったトンネルを走る鉄道です。建物と人口が密集し、鉄道用地の取得が困難な大都市にトンネルを掘るので、建設費が高額になります。しかし、用地買収の手間がなく、騒音の発生が少ないため、大都市の公共交通機関の主流となっています。

川を渡ってトンネルに入る、東京メトロ丸ノ内線の車両（写真左）。
都市部でも、高低差のあるところでは、地下鉄が地上を走る区間がある。

地下鉄の定義

新幹線は、「全国新幹線鉄道整備法」で、「主たる区間を列車が時速200キロメートル以上の高速度で走行できる幹線鉄道」と定義されていますが、地下鉄には、「主たる区間が地下…」のような法律に基づく定義は見当たりません。しかし、規制緩和の流れから、2002(平成14)年に普通鉄道構造規則や新幹線鉄道構造規則を統合してできた「鉄道に関する技術基準を定める省令」の車両に関する項目には、「地下鉄等旅客車」という区分があります。

大都市のターミナル駅の地下化や相互直通運転により、地下鉄とJRや私鉄各線の地下走行区間との線引きが難しくなりました。また、新幹線のように、走行区間の半分以上がトンネルという事例もあるので、車両の耐火構造については、地下鉄以外でも、ほとんどの車両が「地下鉄等旅客車」の基準に合致するよう考慮されています。

なお、一般的に、地下鉄と認定されているのは、札幌市、仙台市、東京都、横浜市、名古屋市、京都市、大阪市、神戸市、福岡市の9公営交通局の地下鉄部門と、民営の東京地下鉄(東京メトロ)および第三セクターの埼玉高速鉄道、横浜高速鉄道、広島高速交通の合計13事業者が運営する路線です。

地下鉄の始まり

世界で最初の地下鉄は、1863年に開業したイギリスの首都ロンドンのメトロポリタン鉄道のパディントン～ファリンドン間だといわれています。１９０５年に電化されるまでは、蒸気機関車による運行だったため、駅の部分は天井開放式で、一部区間は切り通しになっていたそうです。

なお、フランスでは、地下鉄のことをメトロとよびますが、このメトロポリタン鉄道から引用したという説と、ギリシャ語のメトロポリス（母都市）が語源だとする説があります。

また、地下鉄のよび方は、各国各都市それぞれですが、なかでも、ロンドンでは「チューブ」とよび、ニューヨーク（アメリカ）では「サブウエー」とよびます。これらのよび方の由来には、トンネルの掘削方法が関わっています。トンネルを掘るときにシールド工法（→P43）を多用したロンドンでは、トンネルの形状が丸いのでチューブ（筒）に、開削工法（→P42）を用いたニューヨークでは、箱型の道路と同じ形状なので、サブ（補助的）ウエー（道）になったそうです。

箱形のトンネルを走る、ニューヨークの地下鉄の車両。ニューヨークの地下鉄は、24 時間運行で知られる。

ロンドンの地下鉄。車体は、トンネルと同じく丸い筒状だが、かまぼこのような形に見える。

日本の地下鉄の歴史

日本の地下鉄は、1917(大正6)年、早川徳次《はやかわのりつぐ》が発起人となり、東京軽便地下鉄道株式会社を設立したことに始まります。鉄道院に勤務していた早川は、1914(大正3)年の欧州視察で、ロンドンの地下鉄の利便性を痛感しました。帰国後、周囲の人々に地下鉄導入を進言しましたが、まったく理解されず、自らが発起人となり、この会社を設立したのです。

1920(大正9)年には、三井系の東京鉄道と合併し、会社の称号を東京地下鉄道株式会社に改め、広範囲に渡り、路線を建設しようとしました。ところが、1923(大正12)年の関東大震災により、計画の縮小が必要となり、当面は上野~浅草間2・2キロメートルの建設を目指すことになりました。そして、1927(昭和2)年12月30日、日本で最初の地下鉄が、同区間に開業しました。

この地下鉄は、打ち子式自動列車停止装置*(AT

地下鉄銀座線が開業した、1927(昭和2)年ごろの上野駅。

写真提供:東京メトロ

地下鉄の発展に大きく貢献した功績をたたえ、東京メトロ銀座駅に設置された、早川徳次の胸像。早川は、大手電気メーカーのシャープを創業し、同じ時期に活躍した早川徳次《とくじ》と同姓同名(同じ漢字)だが、別の人物。

写真提供:東京メトロ

S）、車両の自動開閉式扉、駅のバー回転式自動改札機などを、日本の鉄道で最初に導入しました。さらに、鮮やかなオレンジ色の車体も相まって、人々に未来の鉄道を感じさせるものだったので、開業当初は乗客が殺到し、乗車を待つ人の行列が延々と続いたそうです。

１９３０（昭和5）年には、新橋までの延伸工事に着手し、１９３４（昭和9）年、上野～新橋間が開業します。この区間では、上野松坂屋と日本橋三越といった老舗百貨店とタイアップして、上野広小路駅と三越前駅から地下道でそれぞれの百貨店に直結するという、地下鉄の特性を活かした営業施策を実施しています。

そうしたなか、東京市は、関東大震災後の復興計画の策定にあたり、その利便線が実証された地下鉄を公営にして一元化することを目論み、東京地下鉄道株式会社に対して新橋～浅草間以外にも発行していた免許をすべて取り消し、東京市が取得しました。しかし、財政上の問題から建設に着手できず、その受け皿として、東急グループの創始者として知られる五島慶太のもと、１９３４（昭和9）年、東京高速鉄道株式会社を設立しました。その翌年の１９３５（昭和10）年、東京高速鉄道株式会社は、渋谷～新橋間の工事を行なうことを認可されましたが、認可の条件として、新橋駅での東京地下鉄道株式会社との直通運転の実施とともに、将来は、東京市の買収に無条件で応じることがあげられていました。

１９３９（昭和14）年1月、東京高速鉄道株式会社により、渋谷～新橋間が開業しました。ところが、早川と五島の直通運転に関する考え方の違いから、直通運転の開始は9月にずれ込みました。そのため、この8か月間に東京高速鉄道株式会社が新橋駅での折り返しに使用していたホームがいまでも残り、東京メトロ銀座線の留置線として使用されています。

その後、国家による統制を強めていった政府は、「陸上交通事業調整法」を根拠に、地下鉄事業の公営一元化を図るため、1941（昭和16）年3月に「帝都高速度交通営団法」を公布しました。その結果、東京地下鉄道株式会社と東京高速鉄道株式会社は、帝都高速度交通営団に譲渡されることになりました。

東京に次いで地下鉄が建設されたのは大阪ですが、東京とは違い、当初から大阪市が事業主体となって計画を推進しました。そして、1933（昭和8）年5月20日に梅田〜心斎橋間が開業しています。大阪市の地下鉄でも、打ち子式自動列車停止装置（ATS）や車両の自動開閉式扉などの安全装置を導入しましたが、送風装置やエレベーターを駅に設置するなど、サービス設備の充実が目立ちました。

戦後になると、高度経済成長期のころからのモータリゼーションの進展により、人口が100万人を超える大都市では、競うように市電（路面電車）を廃止し、地下鉄を建設しました。そのうえで、近郊を走る私鉄線や国鉄線との相互直通運転の実施を前提に、新路線の建設を活発に行ないました。ただし、東京や大阪などでは、今後、新しい地下鉄が建設される計画はありません。

＊打ち子式自動列車停止装置…停止信号のときにだけ上がる「打ち子」に車両の非常ブレーキ弁のコックが当たると、非常ブレーキが作動し、列車を停止させる装置。

東京高速鉄道株式会社が使用していた新橋駅のホーム。アーチ状の柱が当時の姿をとどめ、「幻のホーム」とよばれている。　写真提供：東京メトロ

1934（昭和 9）年の上野〜新橋間の開業時に設けられた万世橋駅。開業からわずか 1 年 11 か月で廃止されたが、現在でもその当時の姿を残しているので、新橋駅の「幻のホーム」に対して、こちらは「幻の駅」とよばれている。　写真提供：東京メトロ

地下鉄の特徴

地下鉄は、歩行者や他の交通機関に対して干渉しないので、原則として踏切がありません。これは、大都市の地下鉄の大きな特徴です。余談ですが、以前、地下鉄の運転手の操縦者免許は、踏切がないことを理由に、取得条件が緩和されていました。また、「原則として」としたのは、東京メトロ銀座線には、地上にある上野検車区への出入線に踏切が存在しているからです。

　地下鉄は、地上の所有権の問題から、できるだけ公道の地下に建設するため、必然的に急曲線が多く、地上構築物の基礎杭や他の地下埋設物との関係もあり、それらを避けるため、急勾配も多くなります。規則上、地下鉄も一般の鉄道と同じ基準が適応されるため、最急曲線は半径160メートル以上、最急勾配は35パーミル以内に制限されていますが、実際には、特別認可ということで、この基準を逸脱した急曲線や急

地下鉄銀座線の踏切。地上にある上野検査区内の車庫を出発した車両は、踏切を越えると、地下へと入っていく。
写真提供：東京メトロ

勾配が散見されます。

今日では、日本に限らず、世界中の地下鉄が、もれなく電化されています。地下鉄の集電方式は、第三軌条方式（→P88）と架空電車線方式（→P87〜88）に二分されますが、第三軌条方式は、トンネル断面が小さくなるので、建設費を抑えることができるというメリットがあります。

東京では、歴史の古い東京メトロ銀座線と東京メトロ丸ノ内線が第三軌条方式を採用していますが、それ以外の路線は、相互直通運転を行なうこともあり、架線集電方式ともよばれる架空電車線方式となっています。大阪の地下鉄では、相互直通運転のために、直通する私鉄線が地下鉄にあわせて第三軌条方式に変更したこともあり、第三軌条方式が主流となっています。その背景には、大阪の地下鉄が、東京の地下鉄とくらべ、相互直通運転が少ないという特徴があります。

地下鉄の車両については、前述のとおり、「鉄道に関する技術基準を定める省令」の車両に関する項目に、「地下鉄等旅客車」という区分があります。それに基づき、トンネル内での乗客避難のために車両の前後2か所に貫通口を設けることや、トンネル内での火災対策として、不燃性（客室天井板や内張り等）および難燃性（座席の表地や詰め物等）の素材の使用を義務づけています。

経営面から見た特徴としては、地下鉄は、トンネルを掘る建設費などの初期投資額が大きく、トンネルの維持管理にも多額の費用が恒常的にかかるため、地上の一般鉄道にくらべ、高コスト体質にならざるを得ないということがあります。そのため、利用客の多い１００万人都市でなければ運営が難しいといわれています。それでも、福岡市や神戸市などでは、赤字となっているようです。

●地下鉄のトンネルの建設方法

最近は、角型シールド工法などもあるので一概にはいえませんが、トンネル断面の形状が四角であれば、その地下鉄は、開削工法で建設されたと考えて間違いないといえます。

開削工法は、山岳トンネルを掘る工法にくらべて事故率が低く、工費も抑えられるというメリットがありますが、トンネルの位置が浅いことと、工事期間中に、地上の用地を確保できることが前提条件となります。初期の地下鉄建設では、ほかに干渉する地下施設や支障物が少なかったため、地面から浅い位置に建設できたことに加え、地上部の用地確保が容易だったこともあり、開削工法を用いました。しかし、都市機能が発達するにつれ、地下には、地下道をはじめ、ガスや上下水道、通信ケーブルなど、さまざまな支障物が縦横無尽に張り巡らされていきました。さらに、地上部にある高層ビルやマンションなどの基礎杭が地中深くまで達しているので、新しい地下鉄ほど地下深くに建設する傾向があり、開削工法を採用できないケースが増えてきました。

また、従来は開削工法で行なってきた道路下の工事でも、深刻な交通渋滞を招きかねないとして、開削工法を敬遠するケースもあるようです。加えて、開削工法を採用する場合は、場所によっては遺跡調査を行なわなければならず、実際に、東京メトロ南北線の工事では、西ヶ原（東京都北区）付近で遺跡が発掘されたため、工程に大きな影響を及ぼしました。

開削工法以外に用いる工法としては、シールド工法があります。東京をはじめとした日本の大都市は、かつて海や湿地帯だった場所が多く、岩盤の上に堆積した地下水や砂を含んだ軟弱な地層に地下鉄のトンネルを掘ることになるので、シールド工法が最適と考えられています。

従来のシールドマシンは、円形断面のものだけでしたが、土被り（→P42）が浅く、地圧の影響をほとんど受けない地下鉄のトンネルでは、四角い断面の方が小さくて済むので、近年、角型シールドマシンが登場しています。加えて、上下線と駅のホームの部分を一挙に掘削できる「先行・中央揺動型泥水式三連シールドマシン」などが開発されています。

ほかにも、岩盤層を掘る場合には、シールド工法とＮＡＴＭ《ナトム》（→P40）を組み合わせた工法を用いることが多いようです。

なお、２０１６（平成28）年11月に、福岡市営地下鉄の博多駅前で起きた道路陥没事故は、原因究明が続いていますが（２０１７年2月現在）、シールド工法に加え、凍結や薬液注入によって地質の改良まで行なって陥没を防いでいた過去の工事事例に照らし合わせて見ると、陥没対策が十分でなかったのではないかといわれています。

近年建設された都営地下鉄大江戸線の六本木駅のホーム。日本の地下鉄で最も深い、地下 42 メートルにある。

終章　リニアの時代へ

――空飛ぶ飛行機に対して鉄道は地中へ――

リニアは、リニアモーターカーの略で、本来は回転運動するモーターを直線運動するようにした「リニアモーター」を利用して走る車両です。磁石のN極とS極が引き合う力と、磁石のN極どうしとS極どうしが反発する力を利用して走ります。

このリニアモーターカーを使用して、時速505キロメートルの最高速度で走行する「リニア中央新幹線」の建設が、JR東海により、2014（平成26）年に始まりました。東京都と大阪市を70分ほどで結ぶ計画ですが、2027年には、東京都（品川）～名古屋市（名古屋）間が先行開業する予定で、その所要時間は約40分です。

東京都～名古屋市間のルートは、当初、木曽谷を通るルート、伊那谷を通るルート、南アルプスをトンネルで貫通する南アルプスルートの3案があり、誘致に積極的だった長野県は、伊那谷ルートで県内合意を図りました。ところが、2007（平成19）年、JR東海が全額自己負担で建設することを発表し、それに呼応するように、国の交通政策審議会が特定ルートの賛否を明言しない中立方針へと転換したこともあり、同社が経済合理性を主張していた南アルプスルートに決定しました。

リニア中央新幹線（品川～名古屋間）路線図

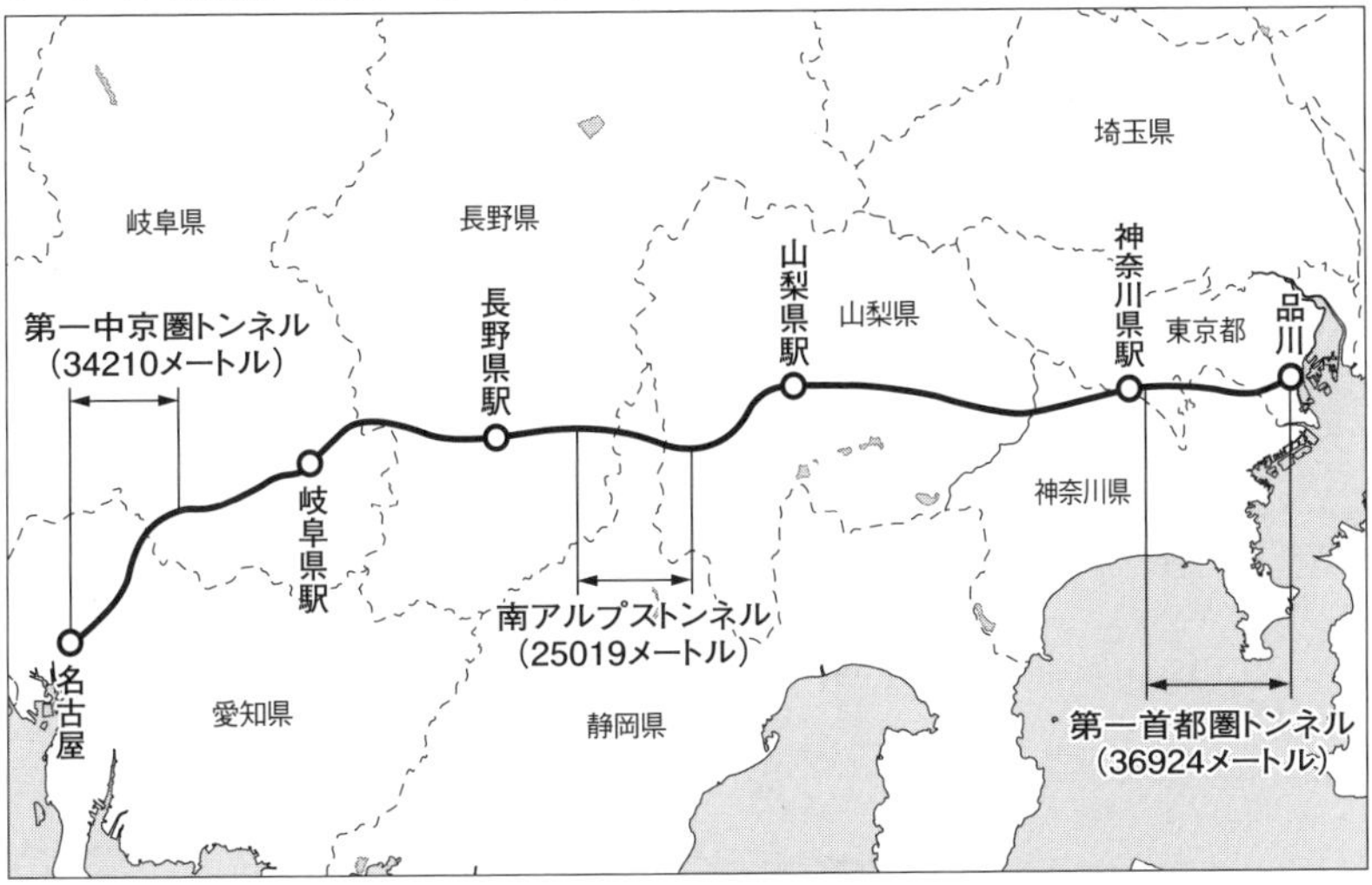

それでも、ＪＲ東海は、南アルプスを貫通するトンネル建設の実現性に一抹の不安があったので、独自に地質調査を実施し、２００８（平成20）年10月に「適切な施工法を選択すれば建設可能」という結論を得ています。

２０１４（平成26）年に発表された資料によると、南アルプストンネルの長さは２５０１９メートルで、土被り（→Ｐ42）は最大１３００メートルほどになるため、数字上は、上越新幹線の大《だい》清水トンネル（→Ｐ159）と大きな差はありません。

しかし、このトンネルが日本列島を左右に分断する糸魚川静岡構造線という大断層を横切ることになるので、この構造線と並び称される柏崎千葉構造線を横切った鍋立山トンネル（→Ｐ260）と同じく、難工事になる可能性が指摘されています。

さらに、10年ほどとされる工期も、不安視されています。

ところで、リニア中央新幹線といえば、南アルプスをトンネルで通過するイメージが強いのですが、計画によると、南アルプストンネルの長さが、東京都~名古屋市間では三番目だということは、あまり知られていません。最も長いトンネルは、品川駅と神奈川県駅（相模原市）との間の第一首都圏トンネルで、長さは36924メートルに達します。二番目に長いトンネルは、岐阜県可児市から名古屋駅まで続く第一中京圏トンネルで、長さは34210メートルです。どちらも大都市圏の直下に掘ることになるトンネルで、南アルプスをトンネルで通過するイメージとはかけ離れています。

もっとも、リニア中央新幹線では、品川~名古屋間の285キロメートルほどのうち、約86パーセントの250キロメートルほどが

山梨県の実験線で行なわれている「超電導リニア」の走行試験の様子。超電導リニアは、車両を浮き上がらせて走行する仕組みの「超電導磁気浮上式鉄道」とよばれるリニアモーターカーのこと。

トンネル区間になる予定です。最長の地上走行区間は、甲府盆地付近の約20キロメートルで、時間にしてわずか2分30秒ほどですから、ほとんど地下鉄です。

長野県は、南アルプストンネルの建設費が膨大にかかるので、伊那谷ルートの方が有利と主張しましたが、それに対してJR東海は、用地買収の時間と費用を勘案するとトンネルを掘った方が少ないコストで済むと返答しました。実際には、2001（平成13）年施行の「大深度地下の公共的使用に関する特別措置法（大深度法）」の適用を受けることになり、トンネル建設による効果は、日本の屋根のひとつとされる南アルプスではなく、大都市圏で最大限に発揮されることになりました。

近年、ローカル線の廃止問題が話題になりますが、そうしたときには、鉄道が公共交通を担う使命を放棄してよいのかという意見が必ず出ます。飛行機との旅客獲得競争に邁進し、大都市間をトンネルで結ぶだけの昨今の新幹線は、はたして公共交通とよべるのかという意見もあります。

これからも、鉄道が飛行機と同じ土俵で勝負していくのであれば、飛行機が空を飛ぶように、鉄道は地中を「飛ぶ」しか勝ち目はないのでしょうが、大都市一極集中の解消や地方創生を唱えるのであれば、鉄道本来の役割をもう一度見直してもよい時期なのではないでしょうか。

明治時代に、国土が発展するためには全国を網羅する鉄道の敷設が不可欠との構想を描き、その実行過程で最大級の貢献をしてきたトンネルが、いま地方から鉄道が消え去る立役者になっていることは、残念としかいいようがありません。

おわりに

「長いトンネルから抜け出せない」という表現が、「不振から脱出できないこと」や「先が見えない混沌とした状況」を意味する言葉として用いられるように、私たちにとってトンネルは、どちらかといえば暗いイメージを持つ、ネガティブな存在のような気がします。車を運転しているときでも、長いトンネルを抜けると、何とも言えない開放感を覚えると思います。

しかし、実際のトンネルは、交通に不可欠な手段として、人の手で掘られた人工構造物であることを鑑みると、本来は、極めてポジティブな存在です。

このトンネルが持つ二面性は、煙との闘いだった蒸気機関車の時代は、より一層顕著でしたが、やがて、電化をはじめとした鉄道技術の発展により、トンネルの役割が飛躍的に増大していくと、トンネルは、何気なく通過する存在となり、人々の意識の中から消え去っていきます。

「シリーズ・ニッポン再発見」で鉄道を取り上げるという話が出たとき、このトンネルが持つ二面性とその変化に着目することで、鉄道の歴史を浮き彫りにすることができるのではないかと考えました。ところが、トンネルに焦点を当てながら鉄道の歴史を紐解いていくと、明治初期の鉄道黎明期には、トンネル建設の可否こそが鉄道路線全体の建設の可否を分け、建設ルートを決定づけていたという事実を再発見することになりました。そして、その後の鉄道新技術の多くが、トンネルを「起爆剤」に導入されたことを認識しました。さらに、こうした鉄道技術の発展が長大トンネルの建設を可能にし、それまで建設できなかった鉄道路線の開通を実現させるなど、トンネルが鉄道に及ぼした影響力の大きさに愕然としました。

一方で、トンネルに焦点を当てることで、トンネルの構造や建設方法などにも関心が向くようになりましたが、次第に、トンネルをつくることに懸けた先人たちの叡智と執念こそが、再発見すべき「主題」ではないかと思うようになりました。

こうした内容を記した本にしたいという想いに賛同してくださったエヌ・アンド・エス企画の稲葉茂勝社長、そして、この本の発行を快諾してくださったミネルヴァ書房の杉田啓三社長には、この場をお借りして、お礼の言葉を述べさせていただきます。

「長いトンネルから抜け出せない」という表現の裏には、「止まない雨はない」「明けない夜はない」と同じように、いつかはトンネルから抜け出すことができるというニュアンスが含まれているように思います。いまの日本社会は、少子高齢化や都市一極集中による地方の衰退など、暗い話題に包まれ、もしかしたら長いトンネルに入っているのかもしれません。

トンネルの先に明るい未来が広がっていることを祈念し、筆を置くことにします。

参考文献

『日本鉄道史』鉄道省鉄道大臣官房文書課、1921年
『トンネル標準示方書』土木学会トンネル工学委員会、1964年
『日本の分水嶺』堀公俊著、山と渓谷社、2000年
『井上勝』老川慶喜著、ミネルヴァ書房、2013年
『丹那隧道工事誌』鉄道省熱海建設事務所、1936年
『関門隧道』運輸省下関地方施設部、1949年
『関門トンネル物語』田村喜子著、毎日新聞社、1992年
『上越新幹線工事誌　大宮・水上間』日本鉄道建設公団東京新幹線建設局、1983年
『上越新幹線：トンネルと豪雪に挑む男たち』萩原良彦著、新潮社、1983年
『鍋立山トンネルの施工について』服部修一著、新潟応用地質研究会、1990年
『東北新幹線工事誌　上野・大宮間』日本国有鉄道、1986年
『東北新幹線工事誌　東京・上野間』東日本旅客鉄道東京工事事務所、1992年
『鉄道は生き残れるか』福井義高著、中央経済社、2012年
『東京メトロの世界』交通新聞社、2016年
「柳ヶ瀬・山中越えの補機に乗務して」川端新二著（『蒸気機関車No.39』キネマ旬報社）、1975年
「奥羽線福島─米沢間（板谷峠）の建設、改良史」中川浩一著（『鉄道ピクトリアルNo.507』鉄道図書刊行会）、1989年
「板谷峠をめぐる列車運転概史」三宅俊彦著（『鉄道ピクトリアルNo.507』鉄道図書刊行会）、1989年
「冠着越え　いまむかし」桜井昌三著（『鉄道ジャーナルNo.73』鉄道ジャーナル社）、1973年
「中央線開業の歴史過程」中川浩一著（『鉄道ピクトリアルNo.467』鉄道図書刊行会）、1986年
「笹子隧道貫通への途」中川浩一著（『鉄道ピクトリアルNo.674』鉄道図書刊行会）、1999年
「北陸本線の形成」中川浩一著（『鉄道ピクトリアルNo.573』鉄道図書刊行会）、1993年
「北陸本線ルート変更の記録」祖田圭介著（『鉄道ピクトリアルNo.573』鉄道図書刊行会）、1993年

なお、執筆に際し、行政機関および関連企業・団体の公式ホームページ等を参照したことを付け加え、感謝申し上げます。

は行

ま行

や行

ら行

な行

さ行

た行

さくいん

※節を設けて詳しく説明を加えたトンネルは、割愛しています。

《著者紹介》

小林　寛則（こばやし・ひろのり）

1958年、東京生まれ。早稲田大学教育学部卒業。大手旅行会社勤務を経て、今人舎に入社し、編集業務に従事。少年時代からの鉄道マニア。著・監修に、『ここが知りたい！ 日本の鉄道』全3巻（旺文社）、『日本全国 鉄道クイズ クイズでかんぺき！社会科シリーズ①』（幻冬舎エデュケーション）などがある。

山崎　宏之（やまざき・ひろゆき）

1957年、東京生まれ。早稲田大学商学部卒業後に大手鉄道会社勤務。2016年に退社。趣味は鉄道とカメラ。未だにフィルムカメラで白黒写真を撮っている。鉄道写真歴は40年以上に及ぶが、ここ20年は、山岳用電気機関車であるEF64だけを追いかけている。

編集：こどもくらぶ
制作：㈱エヌ・アンド・エス企画（菊地隆宣、石井友紀、矢野瑛子）

※この本に掲載された写真のなかで、写真提供等の記載がないものは著者が撮影しましたが、一部は、photolibraryやPIXTAなどの写真素材を活用しました。
※この本の情報は、2017年2月までに調べたものです。今後変更になる可能性がありますので、ご了承ください。

シリーズ・ニッポン再発見⑧
鉄道とトンネル
――日本をつらぬく技術発展の系譜――

2018年4月20日　初版第1刷発行　〈検印省略〉
2018年7月20日　初版第2刷発行

定価はカバーに
表示しています

著　者　小林寛則
　　　　山崎宏之
発行者　杉田啓三
印刷者　和田和二

発行所　株式会社　ミネルヴァ書房
607-8494　京都市山科区日ノ岡堤谷町1
電話代表　(075)581-5191
振替口座　01020-0-8076

平河工業社

ISBN978-4-623-08111-0
Printed in Japan